AI绘画
从指令到制作一本通

李凤◎编著

U0223970

化学工业出版社

·北京·

内 容 简 介

《AI绘画从指令到制作一本通》分两条线来介绍AI绘画，帮助读者从学习入门指令开始，直到成为AI绘画高手。

一是技能线：介绍了ChatGPT、文心一格、Midjourney和剪映这4款软件的操作方法，如运用ChatGPT快速生成AI绘画指令、运用文心一格快速绘画、运用Midjourney进行专业级效果制作、运用剪映一键生成AI视频，还介绍了AI绘画的变现方法。

二是案例线：艺术设计选取了风景画、人像画、水墨画、油画、漫画的制作，游戏设计选取了游戏场景、角色原画、物品道具、用户界面的制作，电商设计选取了店铺Logo、产品主图、模特展示图、产品详情页、宣传海报的制作，美术设计选取了图书封面、装置品、服装、珠宝、室内布局效果的制作。

本书结构清晰，拥有一套完整、详细、实战性强的方法，适合设计师、插画师、漫画家、电商商家、自媒体、艺术工作者等阅读，还可作为相关培训机构、大中专院校相关专业的参考教材。

图书在版编目（CIP）数据

AI绘画从指令到制作一本通 / 李凤编著.—北京：
化学工业出版社，2024.3
　　ISBN 978-7-122-44629-9

　　Ⅰ.①A…　Ⅱ.①李…　Ⅲ.①图像处理软件
Ⅳ.①TP391.413

　　中国国家版本馆CIP数据核字（2024）第000364号

责任编辑：刘　丹　　　　　　　　装帧设计：李　冬
责任校对：王　静

出版发行：化学工业出版社 (北京市东城区青年湖南街 13 号 邮政编码 100011)
印　　刷：三河市航远印刷有限公司
装　　订：三河市宇新装订厂
710mm×1000mm　1/16　印张 13½　字数 210 千字　2024 年 5 月北京第 1 版第 1 次印刷

购书咨询：010-64518888　售后服务：010-64518899
网　　址：http://www.cip.com.cn
凡购买本书，如有缺损质量问题，本社销售中心负责调换。

定　　价：88.00 元

Preface

前言.

在今天，AI 绘画被视为人工智能发展到新阶段的产物，不管我们选择看见，还是选择忽视，它都或多或少地影响着我们的生活。与其被动接受，不如主动出击，对 AI 绘画进行全面了解，让 AI 绘画不再是网络上、他人口中虚无缥缈的事物。

希望本书能够成为读者了解和熟悉 AI 绘画的一个工具。本书分为 4 篇，共 12 章内容，具体内容如下。

基础篇：让读者以 2 个问题、3 个要点和 5 种思路快速入门 AI 绘画，能够知道 AI 绘画是什么、发展如何、影响怎样，并带领读者认识 AI 指令生成神器、AI 绘画生成平台和 AI 视频生成工具。

操作篇：详细介绍了 ChatGPT、文心一格、Midjourney 和剪映软件 4 种 AI 工具的用法，让读者学会灵活运用 AI 工具，实现创意 AI 绘画。

案例篇：以艺术设计、游戏设计、电商设计和美术设计四大应用场景来举例介绍 AI 绘画的用法，让读者在熟练使用 AI 绘画工具的同时，能结合具体的场景真正习得 AI 绘画技术。

变现篇：总结了一些 AI 绘画的商用模式和变现模式，如直接销售、与画廊合作、艺术品拍卖、支持创意产业、助力设计工作等，让读者习得 AI 绘画技术之后有"用武之地"。

本书的特色在于一个"实"字，具体体现在以下 4 点。

（1）从"实"入门：AI 绘画冠以人工智能之名相对来说是一个比较抽象的词，也可以理解成很"虚"，而本书所做的，就是"实"，引导读者从"虚"到"实"，让大家理解 AI 绘画在实际工作与生活中的刚需使用。

（2）"实"际应用：掌握 AI 绘画。究竟要用到哪些工具或者软件？生成绘画的指令或提示词具体怎么写？又应当分别用什么软件进行不同作品的创作与制作？诸如此类问题，在书中都会有答案。

（3）"实"战案例：AI 绘画对哪几个领域影响最大？首先是绘画行业，其次是摄影行业，再次是电商产品的主图、详情页等设计，从这一思路出发，本书用一个案例篇章详细介绍了 AI 绘画的实际应用。

（4）"实"用为王：学习 AI 绘画最实用的好处是什么？当然是成为变现的途径。因此，本书最后 2 章专门讲解了 AI 绘画的商用和变现，帮助大家打开用 AI 绘画赚取财富的思路。

本书汇集了众多行业专家的经验和智慧，旨在为广大读者提供一本全面、实用的 AI 绘画实战指南。无论你是对 AI 绘画和美学艺术感兴趣的网店商家，还是艺术工作者、电商相关从业者、设计师等，本书都将给你带来新的学习思路。

特别提示：

（1）版本更新。本书在编写时，是基于当前各种 AI 工具和软件的界面截取的实际操作图片，但本书从编辑到出版需要一段时间，这些工具的功能和界面可能会有变动，请在阅读时，根据书中的思路举一反三进行学习。其中，ChatGPT 为 3.5 版，Midjourney 为 5.1 版，剪映软件为 4.4.0 版。

（2）指令的使用。指令又称为关键词、描述词、提示词或"咒语"，它是我们与 AI 模型进行交流的机器语言，书中在不同场合下使用了不同的称谓，主要是为了让大家更好地理解这些行业用语，不至于不知所云。另外，很多关键词暂时没有对应的中文翻译，强行翻译为中文也会让 AI 模型无法理解，故未对这些关键词进行翻译。

（3）指令的使用。在 Midjourney 中，尽量使用英文指令，对于英文单词的格式没有太多要求，如首字母大小写不用统一、不太讲究单词顺序等。需要注意的是，每个指令中间最好添加空格或逗号，同时所有的标点符号使用英文字体。需要特别注意的是，即使是相同的指令，AI 模型每次生成的文案或图片内容也会有差别。

编著者

二维码
使用指南

1. 正文中的二维码，扫码查看教学视频或课后习题答案。

2. 扫右侧二维码，即可获赠以下内容。

（1）书中案例所需素材；

（2）生成书中图片所用的指令；

（3）赠送 5000 组指令词；

（4）《AI 绘画从指令到制作一本通》课件及相关资料。

CONTENTS

目录.

操 作 篇

变现篇

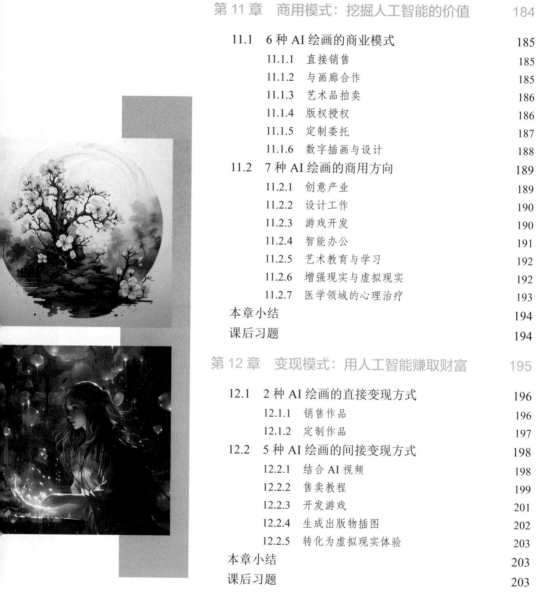

基础篇

AI 绘画：开启数字化艺术创新之路

　　AI 绘画已经成为数字艺术的一种重要形式，它可以通过机器学习、计算机视觉和深度学习等技术，帮助艺术家快速生成各种艺术作品，同时也为人工智能领域的发展提供了一个很好的应用场景。本章将从 2 个问题、3 个要点和 5 种思路来介绍 AI 绘画。

1.1 2 个问题入门 AI 绘画

AI 绘画是数字化艺术的新形式，为艺术创作提供了新的可能性。那么，何为 AI 绘画？ AI 绘画的发展由来又是怎样的？本节将从 2 个问题出发介绍 AI 绘画，让大家对 AI 绘画有进一步的了解。

1.1.1 何为 AI 绘画？

AI 绘画是指人工智能绘画，是一种新型的绘画方式。人工智能通过学习人类艺术家创作的作品，并对其进行分类与识别，然后生成新的图像。人们只需要输入简单的指令，就可以让 AI 自动生成各种类型的图像，创造出具有艺术美感的绘画作品，如图 1-1 所示。

图 1-1　AI 绘画作品效果

AI 绘画主要分为两步：首先是训练阶段，主要对大量原始图像数据进行分析与判断，提取其中的规律和特征，逐渐掌握绘画的技巧和风格；然后是生成阶段，主要根据提示词对模型中的图像数据进行处理和还原，并通过 AI 算法自动生成新的图像。

人工智能通过不断学习，如今已经达到只需输入简单易懂的文字，就可以在短时间内得到一幅效果不错的画面，甚至能根据使用者的要求对画面进行调整，如图 1-2 所示。

图 1-2　调整前后的画面

AI 绘画的优势不仅体现在于提高创作效率和降低创作成本，还在于为用户带来更多的可能性。

▶▶▶ 1.1.2　AI 绘画发展如何？

早在 20 世纪 50 年代，人工智能的先驱者就开始研究计算机如何产生视觉图像，但早期的实验主要集中在简单的几何图形和图案的生成方面。随着计算机性能的提升，人工智能开始涉及更复杂的图像处理和图像识别任务，如图 1-3 所示，研究者开始探索如何将机器视觉应用于艺术创作当中。

图 1-3　AI 绘画复杂图像处理

直到生成对抗网络的出现，AI 绘画的发展速度逐渐开始加快。随着深度学习技术的不断发展，AI 绘画开始迈向更高的艺术水平。由于神经网络可以模仿人类大脑的工作方式，它们通过学习和分析大量的图像和艺术作品，创造出新的艺术作品。

如今，AI 绘画的应用越来越广泛。除了绘画和其他艺术创作，它还可以应用于游戏开发、虚拟现实以及 3D 建模等领域，示例如图 1-4 所示。同时，目前出现了一些 AI 绘画的商业化应用，比如将 AI 生成的图像印制在画布上进行出售。

图 1-4　AI 绘画应用于 3D 建模的效果

总之，AI 绘画是一个快速发展的领域，在提供更高质量设计服务的同时，将全球的优秀设计师与客户联系在一起，为设计行业带来了创新性的变化，未来还有更多探索和发展的空间。

1.2 3 个要点把握 AI 绘画

AI 绘画可以应用于游戏开发、影视设计、美术设计和电商广告等场景中，主要得益于数据收集模型训练、生成对抗网络技术、卷积神经网络技术等 AI 技术的支持。本节将从技术原理、技术特点和应用场景 3 个方面来介绍 AI 绘画，帮助大家进一步了解并把握 AI 绘画。

1.2.1　AI 绘画的技术原理

AI 绘画的技术原理基于深度学习和计算机视觉技术。下面将深入探讨 AI

绘画技术的原理，帮助大家进一步了解 AI 绘画，这有助于大家更好地理解 AI 绘画是如何实现绘画创作的，以及如何通过不断的学习和优化来提高绘画质量。

① 数据收集模型训练

为了训练 AI 模型，需要收集大量的艺术作品样本，并进行标注和分类。这些样本可以包括绘画作品、照片和图片等。

根据收集的样本数据，使用深度学习技术训练一个 AI 模型，训练模型时需要设置合适的超参数和损失函数来优化模型的性能。

一旦训练完成，AI 模型就可以生成绘画作品，如图 1-5 所示，生成图像的过程是基于输入图像和模型内部的权重参数进行计算的。

图 1-5　AI 绘画生成的绘画作品

② 生成对抗网络技术

生成对抗网络（generative adversarial networks，GAN）是一种深度学习模型，它由两个主要的神经网络组成：生成器和判别器。GAN 的主要原理是生成器和判别器通过博弈来协同工作，最终生成逼真的新数据。

通过训练两个模型的对抗学习，生成与真实数据相似的数据样本，从而逐渐生成越来越逼真的艺术作品。GAN 技术的优点在于它可以生成高度逼真的样本数据，并且可以在不需要任何真实标签数据的情况下训练模型。

GAN 的工作原理可以简单概括为以下几个步骤，如图 1-6 所示。生成器和判别器可以不断地相互优化，最终生成逼真的样本数据。

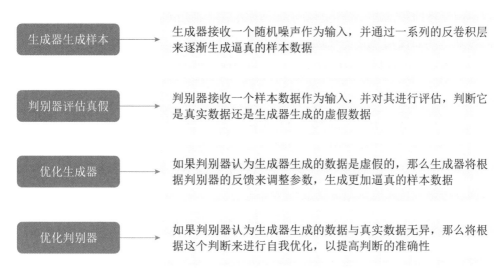

生成器生成样本	生成器接收一个随机噪声作为输入，并通过一系列的反卷积层来逐渐生成逼真的样本数据
判别器评估真假	判别器接收一个样本数据作为输入，并对其进行评估，判断它是真实数据还是生成器生成的虚假数据
优化生成器	如果判别器认为生成器生成的数据是虚假的，那么生成器将根据判别器的反馈来调整参数，生成更加逼真的样本数据
优化判别器	如果判别器认为生成器生成的数据与真实数据无异，那么将根据这个判断来进行自我优化，以提高判断的准确性

图 1-6　GAN 的工作原理

③ 卷积神经网络技术

卷积神经网络（convolutional neural network，CNN）是一种用于图像、视频和自然语言处理等领域的深度学习模型。它通过模仿人类视觉系统的结构和功能，实现了对图像的高效处理和有效特征提取。卷积神经网络在 AI 绘画中起着重要的作用，主要表现在以下几个方面。

（1）卷积层：卷积层通过应用一系列的滤波器（也称为卷积核）来提取输入图像中的特征信息。每个滤波器会扫过整个输入图像，将扫过的部分与滤波器中的权重相乘并求和，最终得到一个输出特征图。

（2）激活函数：在卷积层输出的特征图中，每个像素的值代表了该位置的特征强度。为了加入非线性，一般会在特征图上应用激活函数。

（3）池化层：池化层用于降低特征图的分辨率，并提取更加抽象的特征信息。常用的池化方式包括最大池化和平均池化。

（4）全连接层：全连接层将池化层输出的特征图转换为一个向量，然后通过一些全连接层来对这个向量进行分类。

此外，CNN 还可以通过卷积核共享和参数共享等技术来降低模型的计算复杂度和存储复杂度，使得它在大规模数据上的训练和应用变得更加可行。

④ 转移学习技术

转移学习又称为迁移学习（transfer learning），它是一种利用深度学习模型将不同风格的图像进行转换的技术。具体来说，使用 CNN 模型来提取输入图像的特征，然后使用风格图像的特征来重构输入图像，以使其具有与风格图像相似的风格。下面具体讲解转移学习技术是如何实现的。

（1）收集数据集：为了训练模型，需要收集一组输入图像和一组风格图像。

（2）预处理数据：对数据进行预处理，例如将图像缩放为相同的大小和形状，并进行归一化和标准化。

（3）训练模型：使用 CNN 模型和转移学习技术，训练模型以学习如何将输入图像转换为具有风格图像风格的图像。

（4）测试和评估：测试模型的性能，并使用评估指标来评估模型的质量。可以使用不同的评估指标。

（5）部署模型：将模型部署到应用程序中，以对新的输入图像进行转换。

转移学习在许多领域中都有广泛的应用，如计算机视觉、自然语言处理和推荐系统等。

⑤ 图像分割技术

图像分割技术是指将一幅图像分割成若干个独立的区域，每个区域都表示图像中的一部分物体或背景。该技术可以用于图像理解、计算机视觉、机器人和自动驾驶等领域。下面介绍实现图像分割技术的方法。

（1）收集数据集：为了训练模型，需要收集一组包含标注的图像。

（2）预处理数据：对数据进行预处理，例如将图像缩放为相同的大小和形状，并进行归一化和标准化。

（3）训练模型：使用 CNN 模型和图像分割技术，训练模型以学习如何将图像分为不同的区域。

（4）测试和评估：测试模型的性能，并使用评估指标来评估模型的质量。可以使用不同的评估指标。

（5）部署模型：将模型部署到应用程序中，以对新的图像进行分割。

在 AI 绘画中，图像分割技术可以用于对艺术作品中的不同部分进行精细化处理，如对一个人物的面部进行特殊的处理。

在实际应用中，基于深度学习的分割方法往往表现出较好的效果，尤其是在语义分割等高级任务中。同时，对于特定领域的图像分割任务，如医学影像分割，还需要结合特定领域知识和专业的算法来实现更好的效果。

6 图像增强技术

图像增强技术是指利用计算机视觉技术对一张图像进行处理，使其更加清晰、更加亮丽。这种技术可以用于照片、视频、医学影像等各种领域。以下是常见的几种图像增强方法，如图 1-7 所示。

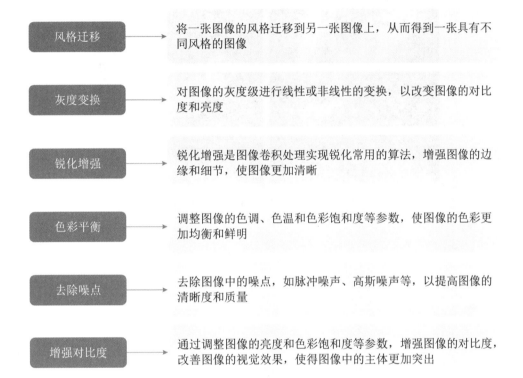

图 1-7　常见的图像增强方法

1.2.2　AI 绘画的技术特点

AI 绘画具有快速、高效、自动化等特点，它能够利用人工智能技术和算法对图像进行处理和创作，实现艺术风格的融合和变换，提升用户的绘画创作体验。AI 绘画的技术特点包括以下几个方面。

1 图像生成

AI 绘画利用生成对抗网络、变分自编码器（variational auto encoder，VAE）等技术生成图像，实现从零开始创作新的艺术作品。

2 风格转换

AI 绘画利用卷积神经网络等技术将一张图像的风格转换成另一张图像的风

格，从而实现多种艺术风格的融合和变换。图 1-8 所示为用 AI 绘画创作的白鹭，左图为摄影风格，右图为油画风格。

图 1-8　AI 绘画创作不同风格的白鹭画作

③ 自适应着色

AI 绘画利用图像分割、颜色填充等技术，让计算机自动为线稿或黑白图像添加颜色和纹理，从而实现图像的自动着色。

④ 图像增强

AI 绘画利用超分辨率（super-resolution）、去噪（noise reduction technology）等技术，可以大幅提高图像的清晰度和质量，使艺术作品更加逼真、精细。

超分辨率技术是通过硬件或软件的方法提高原有图像的分辨率，通过一系列低分辨率的图像来得到一幅高分辨率的图像过程就是超分辨率重建。

去噪技术是通信工程术语，是一种从信号中去除噪声的技术。图像去噪就是去除图像中的噪声，从而恢复真实的图像效果。

⑤ 监督学习和无监督学习

AI 绘画利用监督学习（supervised learning）和无监督学习（unsupervised learning）等技术，对艺术作品进行分类、识别、重构、优化等处理，从而实现对艺术作品的深度理解和控制。

监督学习也称为监督训练或有教师学习，它是利用一组已知类别的样本调整分类器的参数，使其达到所要求性能的过程。

无监督学习是指根据类别未知（没有被标记）的训练样本解决模式识别中的各种问题。

1.2.3　AI 绘画的应用场景

近年来 AI 绘画得到了越来越多的关注和研究，其应用领域也越来越广泛，包括游戏、电影、动画、设计、数字艺术等。AI 绘画不仅可以用于生成各种形式的艺术作品，包括素描、水彩画、油画、立体艺术等，还可以用于自动生成艺术品的创作过程，从而帮助艺术家更快、更准确地表达自己的创意。总之，AI 绘画是一个非常有前途的领域，将会对许多行业和领域产生重大影响。

① 游戏开发与设计

AI 绘画可以帮助游戏开发者快速生成游戏中需要的各种艺术资源，如人物角色、背景等图像素材。下面是 AI 绘画在游戏开发中的一些应用场景。

（1）环境和场景绘制：AI 绘画技术可以用于快速生成游戏中的背景和环境，如城市街景、森林、荒野、建筑等，如图 1-9 所示。这些场景可以使用 GAN 生成器或其他机器学习技术快速创建，并且可以根据需要进行修改和优化。

图 1-9　使用 AI 绘画技术绘制的游戏场景

（2）角色设计：AI 绘画技术可以用于游戏中角色的设计，如图 1-10 所示。游戏开发者可以通过 GAN 生成器或其他技术快速生成角色草图，然后使用传统绘画工具进行优化和修改。

图 1-10　使用 AI 绘画技术绘制的游戏角色

（3）纹理生成：纹理在游戏中是非常重要的一部分，AI 绘画技术可以用于生成高质量的纹理，如石头、木材、金属等，如图 1-11 所示。

图 1-11　使用 AI 绘画技术绘制的金属纹理素材

（4）视觉效果：AI 绘画技术可以帮助游戏开发者更加快速地创建各种视觉效果，如烟雾、火焰、水波、光影等，如图 1-12 所示。

图 1-12　使用 AI 绘画技术绘制的光影效果

（5）动画制作：AI 绘画技术可以用于快速创建游戏中的动画序列，如图 1-13 所示。AI 绘画技术可以将手绘的草图转化为动画序列，并根据需要进行调整。

图 1-13　使用 AI 绘画技术绘制的动画序列

需要注意的是，AI 绘画技术目前还处于不断研发与升级中，因此采用 AI 绘画技术生成的绘画作品难免会出现不足，如在人物的细节刻画上有缺陷。

② 电影和动画制作

AI 绘画技术在电影和动画制作中有着越来越广泛的应用，可以帮助电影和动画制作人员快速生成各种场景和进行角色设计，以及特效和后期制作，下面是一些具体的应用场景。

（1）前期制作：在电影和动画的前期制作中，AI绘画技术可以用于快速生成概念图和分镜头草图，如图1-14所示，从而帮助制作人员更好地理解角色和场景，以及更好地规划后期制作流程。

图1-14　使用AI绘画技术绘制的电影分镜头草图

（2）特效制作：AI绘画技术可以用于生成各种特效，如烟雾和火焰等，如图1-15所示。这些特效可以帮助制作人员更好地表现场景和角色，从而提高电影和动画的质量。

图1-15　使用AI绘画技术绘制的火焰特效

（3）角色设计：AI 绘画技术可以用于快速生成角色设计草图，如图 1-16 所示，这些草图可以帮助制作人员更好地理解角色，从而精准地塑造角色形象和个性。

图 1-16　使用 AI 绘画技术绘制的角色设计草图

（4）环境和场景设计：AI 绘画技术可以用于快速生成环境和场景设计图，如图 1-17 所示，这些图可以帮助制作人员更好地规划电影和动画的场景和布局。

图 1-17　使用 AI 绘画技术绘制的场景设计图

（5）后期制作：在电影和动画的后期制作中，AI 绘画技术可以用于快速生成高质量的视觉效果，如色彩修正、光影处理和场景合成等，如图 1-18 所示，从而提高电影和动画的视觉效果和质量。

图 1-18　使用 AI 绘画技术绘制的场景合成效果

AI 绘画技术在电影和动画中的应用是非常广泛的，它可以加速创作过程、提高图像质量和创意创新度，为电影和动画行业带来了巨大的变革和机遇。

③ 设计和广告

在设计和广告领域中，使用 AI 绘画技术可以提高设计效率和作品质量，促进广告内容的多样化发展，增强产品设计的创造力和展示效果，以及提供更加智能、高效的用户交互体验。

AI 绘画技术可以帮助设计师和广告制作人员快速生成各种平面设计作品和宣传海报。下面是一些典型的应用场景。

（1）设计师辅助工具：AI 绘画技术可以用于辅助设计师进行快速的概念草图、色彩搭配等设计工作，从而提高设计效率和质量。

（2）广告创意生成：AI 绘画技术可以用于生成创意的广告图像、文字，以及广告场景的搭建，从而快速生成多样化的广告内容，如图 1-19 所示。

图 1-19　使用 AI 绘画技术绘制的电脑广告图片

（3）插画设计：AI 绘画技术可以用于插画设计，帮助设计师快速生成、修改或者完善他们的设计作品，提高设计创作效率和创新能力，如图 1-20 所示。

图 1-20　使用 AI 绘画技术绘制的插画设计作品

（4）产品设计：AI 绘画技术可以用于生成虚拟的产品样品，如图 1-21 所示，从而在产品设计阶段帮助设计师更好地进行设计和展示，并得到反馈和修改意见。

图 1-21　使用 AI 绘画技术绘制的产品样品图

（5）智能交互：AI 绘画技术可以用于智能交互，如智能机器人等，如图 1-22 所示，通过生成自然、流畅、直观的语音、图像和文字，提供更加高效、友好的用户体验。

图 1-22　使用 AI 绘画技术绘制的智能机器人图

④ 数字艺术

AI 绘画成为数字艺术的一种重要形式，艺术家可以利用 AI 绘画创作出具有独特性的数字艺术作品，如图 1-23 所示。AI 绘画的发展对于数字艺术的推广有重要作用，它推动了数字艺术的创新。

图 1-23　使用 AI 绘画技术绘制的数字艺术作品

1.3　5 种思路感知 AI 绘画

AI 绘画是科技发展的产物，且应用范围广泛。它的出现与发展势必会受到大众的关注与讨论，有的人推崇，有的人排斥，存在各种各样的声音。从客观角度看，我们应当对 AI 绘画保持何种态度呢？

本节将带着这一问题出发，对 AI 绘画的持有态度、争议与讨论、影响、挑战与机遇、未来展望 5 个方面进行介绍，让大家能够感知 AI 绘画，从而深入了解 AI 绘画。

1.3.1　对待 AI 绘画的态度

随着科技的发展，AI 绘画兴起并变得越来越流行。通过使用先进的算法，AI 绘画能够快速制作出精美的图片。

虽然这些作品看起来像是人类艺术家创作出来的，但有些作品仍然存在瑕疵，例如 AI 绘画中的人物可能多出一根手指，对指令的响应存在偏差等。不过随着 AI 绘画技术的不断进步，其创作能力也会不断提升。

AI 绘画的便利与高生产效率是毋庸置疑的，它可以为我们带来更多的艺术体验。未来随着技术的不断发展，AI 绘画将会应用到更多场景中，甚至会成为人们生活中不可或缺的一部分。

随着人工智能技术的不断发展，AI 绘画逐渐进入了大众的视野，成为备受关注的话题。然而，尽管 AI 绘画在技术上取得了一定的突破，但它仍然饱受争议，甚至被一部分人抵制。

其中，最主要的争议在于 AI 是否真正具有创造力。一些人认为，AI 绘画只是机器对于已有图像的模仿和还原，缺乏独创性和创造性。而真正的艺术创作应该源于人类的灵感和想象力，而非机器的算法和程序。

此外，还有人担心 AI 绘画会对人类艺术家的生存和创作造成威胁。如果 AI 绘画能够以更快的速度生成更多的艺术作品，那么传统的艺术家可能会面临更大的竞争压力，甚至会失去创作和生存的空间。下面针对 AI 绘画的争议与讨论进行简要说明。

❶ 原创性

AI 绘画作品的创作过程与人类艺术家有着本质的区别。AI 绘画只能从现有的数据库中进行学习，无法解释其生成内容的逻辑，它们更像是对现有艺术作品的一种再现和组合，而非真正意义上的原创。

AI 绘画作品与传统绘画作品相比有显著的不同。因此，将 AI 绘画作品称为原创的艺术作品可能并不恰当，但这并不意味着 AI 绘画作品一文不值。事实上，AI 绘画作品为我们提供了一种全新的艺术表现方式，打破了我们对艺术、创作和作者身份的传统认知。

❷ 创作性

AI 绘图技术，就是让人工智能深度学习人类艺术家的作品，吸收大量的数据与知识，依赖于计算机技术和算法所产生的绘画创作方式。而在学习的过程中，如何保证 AI 所学到的知识合法或不侵权，成为备受争议的一点。

大部分艺术家需要耗费数天甚至数月才能绘制出的艺术作品，AI 绘画在短短几秒就能完成，这两者的创作效率是无法比拟的。

有些人认为，使用 AI 绘画技术创作的作品是拼接了他人的成果，是窃取行为。而另一些人认为，使用 AI 绘画技术仍然需要设计并调整 AI 的参数，才能获得最终的图画效果，这样的作品也可以算是创作。

③ 艺术性

AI 绘画出的作品更像是一种流水线的产物，只是这条流水线有很多分支和不同走向，让人们误以为这是其独特性的表现。

但人工智能本质上依然是工业产品，通过输入关键信息来搜索和选择使用者需要的结果，用最快的方式和最低的成本从庞大的数据库中找出匹配度相对较高的资源，创作出新的图画。所以，AI 绘画只是降低了重复学习的成本，它所创作出来的作品与真正的艺术还有着较大的差别。

④ 法律与伦理

AI 绘画也会涉及一些法律和伦理问题，如版权问题、个人隐私等。因此，AI 绘画的发展需要在法律和伦理框架下进行。AI 绘画的法律和伦理问题主要包括以下几个方面。

（1）版权：由于 AI 绘画技术可以模仿不同艺术家的风格和特征，因此一些生成的作品可能涉及知识产权的问题，如专利、商标和版权等，因此需要注意保护知识产权和遵守相关法律法规。

（2）道德：一些 AI 绘画生成的作品可能存在较为敏感和争议的内容，如涉及种族、性别、政治以及宗教等问题，这就需要考虑作品的道德和社会责任问题。

（3）隐私：AI 绘画技术需要使用大量的数据集进行训练，这可能涉及用户的隐私问题，因此需要保护用户的隐私和数据安全。

AI 绘画领域中涉及的法律与伦理问题，是该领域长期发展过程中需要认真面对和解决的难题。只有在合理、透明、公正的监管和规范下，AI 绘画才能真正发挥其创造性和艺术性，同时避免不必要的风险和纠纷。

⑤ 替代职业

人工智能技术的出现成为社会各界关注的热点话题，其中讨论度比较高的问题是：AI 绘画是否会取代画师。虽然 AI 绘画可以通过算法来生成图像，但它并不具备人类艺术家的创意与灵感，因此 AI 绘画不会完全取代人工，两者的共同参与才能达到更好的效果。

AI 绘画为个人用户和行业带来了许多正面影响，我们应该以开放和积极的心态去理解和运用这项技术，并期待 AI 绘画给我们带来更多有意义的可能性。

1.3.3 AI 绘画的影响

AI 绘画的过程和结果都依赖于计算机技术和算法，它可以为艺术家和设计师带来更高效、更精准以及更有创意的绘画创作体验。但凡事都具有两面性，AI 绘画有优势，也有弊端。图 1-24 所示为 AI 绘画的优势。

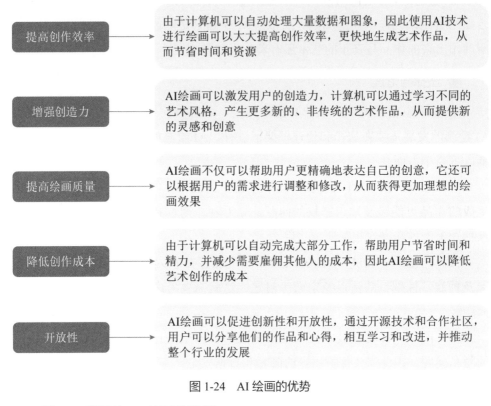

提高创作效率 → 由于计算机可以自动处理大量数据和图象，因此使用AI技术进行绘画可以大大提高创作效率，更快地生成艺术作品，从而节省时间和资源

增强创造力 → AI绘画可以激发用户的创造力，计算机可以通过学习不同的艺术风格，产生更多新的、非传统的艺术作品，从而提供新的灵感和创意

提高绘画质量 → AI绘画不仅可以帮助用户更精确地表达自己的创意，它还可以根据用户的需求进行调整和修改，从而获得更加理想的绘画效果

降低创作成本 → 由于计算机可以自动完成大部分工作，帮助用户节省时间和精力，并减少需要雇佣其他人的成本，因此AI绘画可以降低艺术创作的成本

开放性 → AI绘画可以促进创新性和开放性，通过开源技术和合作社区，用户可以分享他们的作品和心得，相互学习和改进，并推动整个行业的发展

图 1-24　AI 绘画的优势

图 1-25 所示为 AI 绘画的弊端。

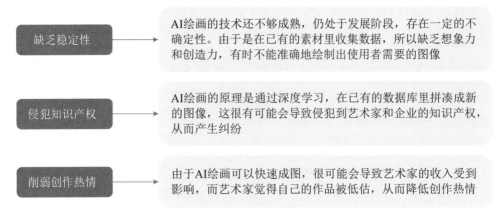

缺乏稳定性 → AI绘画的技术还不够成熟，仍处于发展阶段，存在一定的不确定性。由于是在已有的素材里收集数据，所以缺乏想象力和创造力，有时不能准确地绘制出使用者需要的图像

侵犯知识产权 → AI绘画的原理是通过深度学习，在已有的数据库里拼凑成新的图像，这很有可能会导致侵犯到艺术家和企业的知识产权，从而产生纠纷

削弱创作热情 → 由于AI绘画可以快速成图，很可能会导致艺术家的收入受到影响，而艺术家觉得自己的作品被低估，从而降低创作热情

图 1-25　AI 绘画的弊端

综上所述，AI 绘画可以辅助人们完成机械性重复式的劳动，但最终所形成的商业成品还是需要人类自身来完成。

1.3.4　AI 绘画的挑战与机遇

虽然 AI 绘画凭借其优势发展迅速，但它也面临着一些挑战。例如，AI 绘画算法的训练需要大量的数据和计算资源，因此训练时间和成本较高。下面将带大家探讨 AI 绘画的挑战和机遇。

① AI 绘画的挑战

AI 绘画的技术仍处于早期阶段，缺乏稳定性，且存在一定的不确定性，尤其在技术方面仍然面临一些难点和挑战，主要包括如图 1-26 所示的几个方面。为了解决这些问题，研究者需要不断改进算法和提高技术水平。

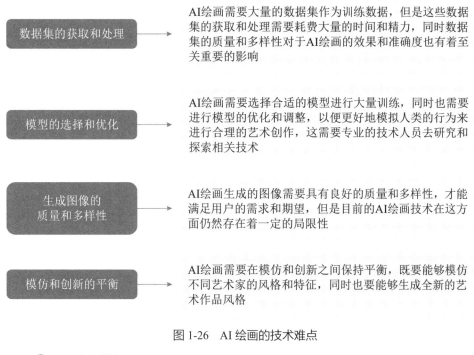

数据集的获取和处理 → AI绘画需要大量的数据集作为训练数据，但是这些数据集的获取和处理需要耗费大量的时间和精力，同时数据集的质量和多样性对于AI绘画的效果和准确度也有着至关重要的影响

模型的选择和优化 → AI绘画需要选择合适的模型进行大量训练，同时也需要进行模型的优化和调整，以便更好地模拟人类的行为来进行合理的艺术创作，这需要专业的技术人员去研究和探索相关技术

生成图像的质量和多样性 → AI绘画生成的图像需要具有良好的质量和多样性，才能满足用户的需求和期望，但是目前的AI绘画技术在这方面仍然存在着一定的局限性

模仿和创新的平衡 → AI绘画需要在模仿和创新之间保持平衡，既要能够模仿不同艺术家的风格和特征，同时也要能够生成全新的艺术作品风格

图 1-26　AI 绘画的技术难点

② AI 绘画的机遇

AI 绘画的出现将会影响传统艺术形式的发展，未来的数字艺术将会与传统艺术形式相互融合，形成更加多元化的艺术形式。AI 绘画技术的发展为艺术、设计、广告等领域提供了很多机遇，主要包括以下几个方面。

（1）自动化创作：AI 绘画技术可以自动化创作，能够大大提高艺术创作的效率和速度，降低成本。

（2）个性化创作：AI绘画技术可以根据不同用户的需求和偏好进行个性化的创作，能够满足用户的个性化需求，提高用户的满意度和体验。

（3）艺术品展示：AI绘画技术可以帮助艺术家将他们的作品更好地展示和推广，同时能够为美术馆、博物馆等文化机构提供更加多样化和丰富的艺术品展示。

（4）产品设计：AI绘画技术可以为产品设计提供新的思路和灵感，能够更好地实现产品的个性化和差异化创新，提高产品的竞争力。

（5）娱乐产业：AI绘画技术可以为电影、游戏、动漫等娱乐产业提供更加逼真和高质量的场景和角色设计，能够提高作品的视觉效果和吸引力。

AI绘画的快速发展，为艺术家、设计师、收藏家、博物馆等提供了前所未有的机遇。AI绘画不仅能够协助艺术家进行创作，提高创作效率，同时也能够为普通人带来更加便捷、多样化的艺术品鉴体验。

1.3.5　AI绘画的未来展望

AI绘画技术在过去几年中得到了迅速的发展和应用，未来有望实现更多的突破。总之，AI绘画技术有着广阔的应用前景和发展空间，未来还有很多有趣和令人期待的方向等待探索和发展。

①　更加智能化和多样化

随着人工智能技术的不断发展，AI绘画将变得越来越智能化和多样化，AI模型能够生成更加复杂、细腻和逼真的图像，同时具有更加个性化的艺术风格。

AI绘画的智能化主要表现在以下几个方面，如图1-27所示。

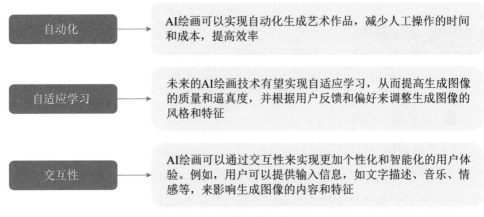

自动化	AI绘画可以实现自动化生成艺术作品，减少人工操作的时间和成本，提高效率
自适应学习	未来的AI绘画技术有望实现自适应学习，从而提高生成图像的质量和逼真度，并根据用户反馈和偏好来调整生成图像的风格和特征
交互性	AI绘画可以通过交互性来实现更加个性化和智能化的用户体验。例如，用户可以提供输入信息，如文字描述、音乐、情感等，来影响生成图像的内容和特征

图1-27　AI绘画的智能化表现

AI 绘画的多样化主要表现在以下几个方面。

（1）风格多样：AI 绘画可以模仿多种不同的艺术风格，如印象派、立体主义、抽象表现主义等，生成具有不同风格的艺术作品。

（2）类型多样：AI 绘画不仅可以生成绘画作品，还可以生成雕塑、装置艺术、数字艺术等多种类型的艺术作品。

（3）数据集（指多个数据组成的集合）多样：AI 绘画的数据集可以来自不同的来源和领域，如绘画、摄影、文学、历史等多个领域，从而丰富了生成图像的内容和特征。

② 更多的人机交互方式

未来，人机交互将会成为 AI 绘画的一个重要发展方向。AI 绘画的人机交互是指人与 AI 绘画技术之间的相互作用和合作，可以是人类艺术家与 AI 绘画算法的合作，也可以是用户与 AI 绘画应用程序的交互。人机交互可以帮助用户更好地控制和影响生成图像的内容和特征，从而实现更加个性化和多样化的艺术作品。图 1-28 所示为一些 AI 绘画的人机交互方式。

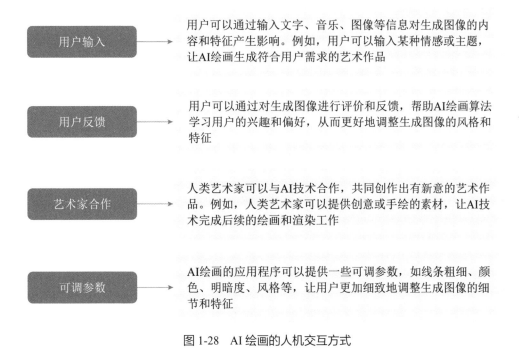

图 1-28　AI 绘画的人机交互方式

③ 艺术与科技充分融合

未来，人们可以看到更多具有科技元素的艺术作品，这将推动数字艺术的发展。AI 绘画的发展将会进一步推动艺术与科技的融合，如 AI 绘画借助于机器学习、计算机视觉、自然语言处理等先进技术，使得艺术创作的过程更加高效和智能化。

AI 绘画通过将艺术与科技进行充分融合，使得艺术创作更加高效和多样化，也为科技的发展带来了更多的艺术与人文关怀。这种融合将进一步推动艺术和科技两个领域的交流与合作。

 本章 小结

本章主要介绍了 AI 绘画的基础知识，从 2 个问题、3 个要点和 5 种思路进行介绍，包括 AI 绘画的概念、发展状况、技术原理、技术特点、应用场景、持有态度、争议与讨论、影响、挑战与机遇、未来展望，让读者对 AI 绘画有所了解。

课后 习题

鉴于本章知识的重要性，为了使读者更好地掌握所学知识，下面将通过课后习题帮助读者进行简单的知识回顾和补充。

（1）简述何为 AI 绘画。

（2）AI 绘画有哪些应用场景？

扫码看答案

02

第 2 章

常用工具：指令创作与 AI 绘画入门

　　AI 绘画能应用于不同的场景中，主要是 AI 工具在发挥作用，包括生成指令工具、生成画作工具和剪辑视频工具，使用这 3 种工具可以实现 AI 绘画。本章将介绍 AI 绘画的常用工具，让大家了解工具，为后面的操作奠定基础。

2.1 5 个 AI 指令生成 "神器"

提示词，也称指令、指示、关键词、"咒语"等，是 AI 绘画的依托与基础。想要获得古典主义、浪漫主义、现实主义等不同风格的画作，关键在于输入的提示词，而编写提示词由 AI 工具来完成。本节将介绍 5 个 AI 指令生成"神器"。

2.1.1 ChatGPT

ChatGPT 是一种基于人工智能技术的聊天机器人，它使用了自然语言处理和深度学习等技术，可以进行自然语言的对话，回答用户提出的各种问题，并提供相关的信息和建议。

ChatGPT 的核心算法基于 GPT（generative pre-trained transformer，生成式预训练转换模型）模型，这是一种由人工智能研究公司 OpenAI 开发的深度学习模型，可以生成自然语言的文本。

ChatGPT 可以与用户进行多种形式的交互，例如文本聊天、语音识别、语音合成等。ChatGPT 可以应用在多种场景中，例如客服、语音助手、教育、娱乐等领域，帮助用户解决问题，提供娱乐和知识服务。

2.1.2 Kugai AI

Kugai AI 是 ChatGPT 中文版的应用工具，与 ChatGPT 的功能和形式相当，通过对话的方式为用户提供信息、解答问题。Kugai AI 的页面简洁、干净，如图 2-1 所示，可以为用户提供舒适且便捷的服务。

图 2-2 所示为运用 Kugai AI 生成 AI 绘画指令示例。

图 2-1 Kugai AI 的页面

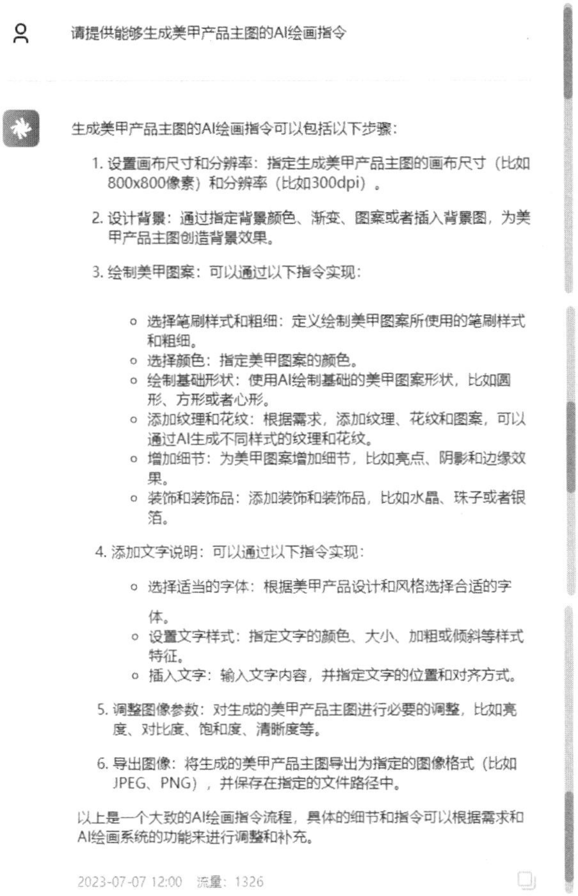

图 2-2　运用 Kugai AI 生成 AI 绘画指令示例

2.1.3　词魂

词魂是一个 AI 绘画提示词的精选库，内置了节日主题、人物形象、设计素材、动漫游戏、包装设计等不同风格和用途的 AI 绘画提示词。词魂按照专题对 AI 绘画提示词进行归纳与分类，不仅提供给用户提示词参考，还可以让用户查看提示词对应的画作效果，如图 2-3 所示。

在词魂的主页面上，用户可以根据所需画作的类型选择相应的专题，进入专题中，查看或筛选出更多画作提示词选择，将光标定位在所选的画作上，会出现"查看提示"按钮，单击该按钮，即可获得提示词参考。图 2-4 所示为词魂提供的手绘花式杯子特写的提示词示例。

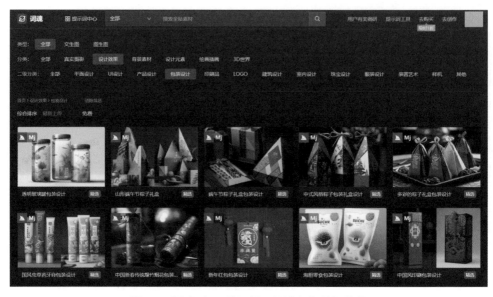

图 2-3　词魂对 AI 绘画提示词进行归纳与分类

图 2-4　词魂提供的手绘花式杯子特写的提示词示例

2.1.4 Blue Shadow

Blue Shadow 是一位数字艺术家的名字，也是一位人类美术摄影师的名字，同时还是一个提供 Midjourney（AI 绘画作品生成工具）指令的网站名称。

Blue Shadow 的主页面上直接陈列了 112 种 Midjourney 指令，这些指令囊括了商店 logo（logotype 的缩写，中文为商标）、广告设计图、建筑设计图、人像图片、动物图片、植物图片、游戏场景设计图、美食摄影、风光摄影、人文摄影、美术手稿等画作或图片风格，方便用户按需取用。

图 2-5 所示为 Blue Shadow 提供的 Midjourney 指令示例。

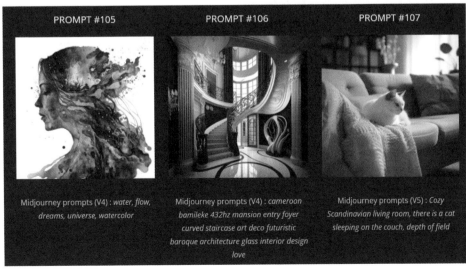

图 2-5　Blue Shadow 提供的 Midjourney 指令示例

⫸ 2.1.5 promptoMANIA

promptoMANIA 是一个 AI 绘画提示器，支持用户上传图片生成 AI 绘画指令。当用户想要通过人工智能创作某一种类型的绘画作品时，可以提供画作的样式给 promptoMANIA，promptoMANIA 会生成 Midjourney 指令参考，用户将 Midjourney 指令输入 Midjourney 工具里，即可获得 AI 生成的画作。

promptoMANIA 还支持用户自行创作 AI 绘画指令，提供给一些生成指令的关键字选择，如图 2-6 所示，用户可以组合关键字来创作指令。

图 2-6　promptoMANIA 支持用户自行创作 AI 绘画指令

2.2　5 个 AI 绘画生成平台

如今，AI 绘画平台和工具的种类非常多，用户可以根据自己的需求选择合适的平台和工具进行绘画创作。本节将介绍 5 个常见的 AI 绘画平台和工具。

⫸ 2.2.1 Midjourney

Midjourney 是一款基于人工智能技术的绘画工具，它能够帮助艺术家和设计师更高效地创建数字艺术作品。Midjourney 提供了各种绘画工具和指令，用户只要输入相应的关键字和指令，就能通过 AI 算法生成相对应的图片。

Midjourney 具有智能化绘图功能，能够智能化地推荐颜色、纹理、图案等元素，帮助用户轻松创作出精美的绘画作品。同时，Midjourney 可以用来快速创建各种有趣的视觉效果和艺术作品，极大地方便了用户的日常设计工作。

Midjourney 内置了多种指令，如 /describe（描述）、/imagine（想象）等，用户通过选择指令来实现以文生图或以图生图。

图 2-7 所示为使用 Midjourney 绘制的作品。

图 2-7　使用 Midjourney 绘制的作品

▷▷▷ 2.2.2　文心一格

　　文心一格是由百度飞桨推出的一个 AI 艺术和创意辅助平台，利用飞桨的深度学习技术，帮助用户快速生成高质量的图像和艺术品，提高创作效率和创意水平，特别适合需要频繁进行艺术创作的人群，例如艺术家、设计师和广告从业者等。图 2-8 所示为使用文心一格绘制的作品。

图 2-8　使用文心一格绘制的作品

文心一格平台可以实现以下功能，如图 2-9 所示。

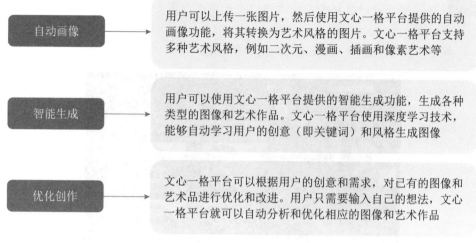

图 2-9　文心一格平台的功能

2.2.3　ERNIE-ViLG

ERNIE-ViLG 是由百度文心大模型推出的一个 AI 作画平台，采用基于知识增强算法的混合降噪专家建模，在 MS-COCO（文本生成图像公开权威评测集）和人工盲评上均超越了 Stable Diffusion、DALL-E 2 等模型，并在语义可控性、图像清晰度、中国文化理解等方面展现出了显著优势。

ERNIE-ViLG 通过视觉、语言等多源知识指引扩散模型学习，强化文图生成扩散模型对于语义的精确理解，以提升生成图像的可控性和语义一致性。

同时，ERNIE-ViLG 引入基于时间步的混合降噪专家模型来提升模型建模能力，让模型在不同的生成阶段选择不同的降噪专家网络，从而实现更加细致的降噪任务建模，提升生成图像的质量。

另外，ERNIE-ViLG 使用多模态的学习方法，融合了视觉和语言信息，可以根据用户提供的描述或问题，生成符合要求的图像。同时，ERNIE-ViLG 还采用了先进的生成对抗网络技术，可以生成具有高保真度和多样性的图像，并在多个视觉任务上取得了出色的表现。

2.2.4　意间 AI

意间 AI 是一个全中文的 AI 绘画小程序，支持经典风格、动漫风格、写实风格、写意风格等绘画风格，如图 2-10 所示。

图 2-10　意间 AI 的 AI 绘画功能

使用意间 AI 不仅能够帮助用户节省创作时间，还能够帮助用户激发创作灵感，生成更多优质的 AI 画作。总之，意间 AI 是一个非常实用的手机绘画小程序，它会根据用户的关键词、参考图、风格偏好创作精彩作品，让用户体验到手机 AI 绘画的便捷性。图 2-11 所示为使用意间 AI 绘画小程序生成的作品。

图 2-11　意间 AI 绘画小程序生成的作品

2.2.5　Stable Diffusion

Stable Diffusion 是一个基于人工智能技术的绘画工具，支持一系列自定义功能，可以根据用户的需求调整颜色、笔触、图层等参数，从而帮助艺术家和设计师创建独特、高质量的艺术作品。与传统的绘画工具不同，Stable Diffusion 可以自动控制颜色、线条和纹理的分布，从而创建出非常细腻、逼真的画作，如图 2-12 所示。

图 2-12　Stable Diffusion 生成的画作

2.3　3 个 AI 视频生成工具

人工智能技术的飞速发展促进了 AI 视频生成器软件和 AI 视频编辑工具的爆炸式增长，人工智能技术可以根据用户提供的信息自动生成视频内容。本节将介绍 3 个常见的 AI 视频平台和工具。

2.3.1　剪映

剪映是一款视频剪辑软件，有电脑版和手机版两个版本，为用户提供便捷的视频后期剪辑服务。在短视频广受欢迎的时代，剪映因其强大的功能而受到大众的喜爱。

用户运用剪映可以将 AI 绘画作品自动化生成视频，如运用剪映的"一键成片"功能，导入图片自动化生成短视频。

图 2-13 所示为剪映的相关功能，其中"一键成片""图文成片"等功能对于 AI 绘画作品的应用是有帮助的。

图 2-13　剪映的相关功能

▶ 2.3.2　腾讯智影

腾讯智影是一个集素材搜集、视频剪辑、后期包装、渲染导出和发布于一体的在线剪辑平台，能够为用户提供从端到端的一站式视频剪辑及制作服务。图 2-14 所示为腾讯智影的智能创作工具。

图 2-14　腾讯智影的智能创作工具

腾讯智影是一款集成了 AI 创作能力的智能创作工具，具有数字人播报、文本配音、字幕识别、文章转视频、智能抹除等 AI 创作功能。例如，腾讯智影的数字人不仅形象高度逼真，而且在语音、语调、唇动等方面也非常真实，如图 2-15 所示。

图 2-15　腾讯智影的数字人

2.3.3　invideo

　　invideo 是一款出色的 AI 视频生成器，用户可以使用现成的模板简化视频创建的操作，即使用户以前从未做过视频，也可以快速自定义这些模板。用户可以按平台、行业或内容等类型来搜索模板，同时使用简单的拖放、替换等操作，将其作为自己的品牌自定义模板。图 2-16 所示为使用 invideo 剪辑视频。

图 2-16　使用 invideo 剪辑视频

　　使用 invideo 基于 AI 的文本到视频编辑器，可以在几分钟内将用户的脚本、文章或博客转换为视频，而且还可以自动调整视频大小以适应任何平台的宽高比要求。

　　另外，invideo 可以很方便地删除产品图片的背景，以突出显示产品主体，如图 2-17 所示。同时，invideo 还可以添加各种库存媒体素材和音乐，以及应用品牌的颜色和字体。

图 2-17　使用 invideo 删除产品图片的背景

 本章 **小结**

本章主要介绍了 AI 创作的相关平台和工具，如 ChatGPT、Kugai AI、词魂、Blue Shadow、promptoMANIA 5 个 AI 指令生成工具，Midjourney、文心一格、ERNIE-ViLG、意间 AI、Stable Diffusion 5 个 AI 绘画工具，以及剪映、腾讯智影、invideo 3 个 AI 视频创作工具。学完本章内容后，读者能够更好地选择和使用各种 AI 创作平台和工具。

课后 **习题**

鉴于本章知识的重要性，为了使读者更好地掌握所学知识，下面将通过课后习题帮助读者进行简单的知识回顾和补充。

1. 如果我们急需生成产品图，最合适的 AI 指令工具是哪个？

2. 文心一格的功能有哪些？

扫码看答案

操作篇

03

第 3 章

ChatGPT：快速生成 AI 绘画指令

　　本章将重点介绍运用 ChatGPT 生成 AI 绘画指令的方法，让大家从指令开始走进 AI 绘画。通过本章内容的学习，你将熟悉 ChatGPT 平台，并熟练掌握 ChatGPT 生成指令的方法。

3.1 3 种方法掌握 ChatGPT 用法

ChatGPT 作为一个聊天机器人，拥有文本生成的功能，这个功能可以使用户获得 AI 绘画指令的参考。本节将介绍 3 种方法让大家快速掌握 ChatGPT 的用法。

3.1.1 ChatGPT 初次生成指令的方法

登录 ChatGPT 后，ChatGPT 的聊天窗口将会打开，此时即可进行对话，用户可以输入任何问题或话题，ChatGPT 将尝试回答并提供与主题有关的信息。下面介绍具体的操作方法。

扫码看教程

步骤 1 打开 ChatGPT 的聊天窗口，单击底部的输入框，如图 3-1 所示。

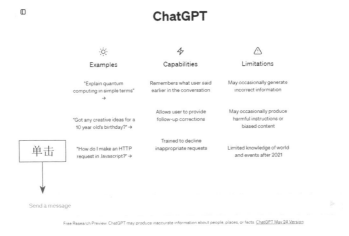

图 3-1　单击底部的输入框

步骤 2 ❶输入指令，如"请根据赛博朋克风格，提取出 5 个赛博朋克游戏风格关键词出来"；❷单击输入框右侧的发送按钮▷或按【Enter】键，如图 3-2 所示。

第❸章　ChatGPT：快速生成 AI 绘画指令

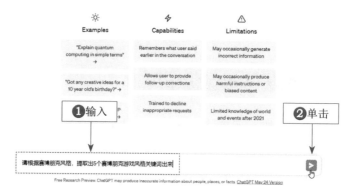

图 3-2　单击相应按钮

步骤 ③ 稍等片刻，ChatGPT 即可根据要求生成关键词，如图 3-3 所示。ChatGPT 生成的关键词便是我们所需的 AI 绘画指令。

图 3-3　ChatGPT 根据要求生成关键词

3.1.2　ChatGPT 生成有效指令的方法

用户在获得 ChatGPT 的回复之后可以对其进行简单的评估，评估 ChatGPT 的回复是否具有参考价值。若觉得有效，可以单击文本右侧的复制按钮 ，将文本复制出来，但这个按钮只支持文本内容复制，不支持表格格式复制；若觉得参考价值不大，可以单击输入框上方的 Regenerate response（重新生成回复）按钮，ChatGPT 会根据同一个问题生成新的回复。下面举例示范具体的操作方法。

扫码看教程

步骤 ① 单击＋ New chat 按钮，如图 3-4 所示，新建一个聊天窗口。

步骤 ② ❶在聊天输入框中输入新的指令，如"请概括出梵高的绘画风格特征"；❷单击输入框右侧的发送按钮 或按【Enter】键，如图 3-5 所示。

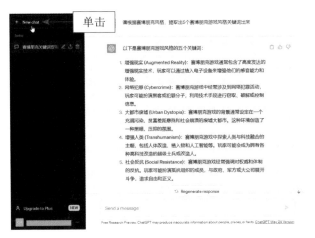

图 3-4　单击相应按钮（1）

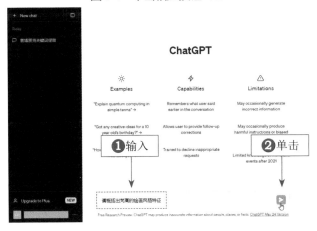

图 3-5　单击相应按钮（2）

步骤 3　稍等片刻，ChatGPT 即可按照要求生成回复，如图 3-6 所示。

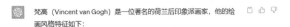

图 3-6　ChatGPT 按照要求生成回复

步骤 4 单击输入框上方的 Regenerate response 按钮，如图 3-7 所示，让 ChatGPT 重新生成回复。

图 3-7　单击 Regenerate response 按钮

步骤 5 稍等片刻，ChatGPT 会重新概括出梵高的绘画风格特征，如图 3-8 所示。可以看出，相比于第一次回复，ChatGPT 的第二次回复加入了一些新的内容，可以为用户提供更多的 AI 绘画指令参考。

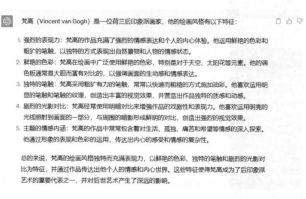

图 3-8　ChatGPT 重新概括出梵高的绘画风格特征

ChatGPT 对同一个问题的二次回复会进行"2/2"字样的标记，若是第三次的回复则会标记"3/3"。用户通过单击 Regenerate response 按钮可以让 ChatGPT 对同一个问题进行多次不同的回复，从而获得更有效的 AI 绘画指令。

3.1.3　ChatGPT 对话窗口的管理方法

在 ChatGPT 中，用户每次登录账号后都会默认进入一个新的聊天窗口，而之前建立的聊天窗口则会自动保存在左侧的导航面板中，用户可以根据需要对聊天窗口进行管理，包括新建、删除以及重命名等。下面介绍具体的操作方法。

扫码看教程

步骤 1 打开 ChatGPT，单击任意一个之前建立的聊天窗口，如图 3-9 所示。

步骤 2 执行操作后，单击聊天窗口名称右侧的✐按钮，如图 3-10 所示。

图 3-9　单击任意一个之前建立的聊天窗口

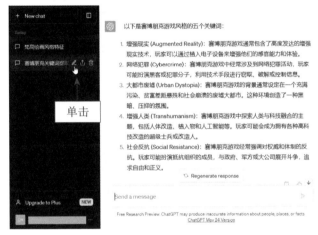

图 3-10　单击聊天窗口名称右侧的相应按钮

步骤 3 执行操作后，即可呈现名称编辑文本框，❶在文本框中可以修改名称；❷单击✓按钮，如图 3-11 所示，即可完成聊天窗口重命名操作。

图 3-11　单击相应按钮

> **专家提醒** 🔼按钮表示将当前窗口所生成的内容通过创建链接分享到社群。🗑
> 按钮表示将当前窗口删除。当用户单击🗑按钮时，会将整个对话窗口删除。因此，为了避免手误操作，ChatGPT 平台会弹出确认或取消的选择提示框。

3.2 5 种技巧编写 ChatGPT 指令

ChatGPT 生成文本的关键在于用户提供的指令或提示词（prompt）。因此，用户若想要熟练地运用 ChatGPT 生成有效的 AI 绘画指令，则需要先掌握一定的 ChatGPT 指令编写技巧。本节将详细介绍 ChatGPT 指令的编写技巧。

3.2.1 赋予特定身份

ChatGPT 以 GPT 语言模型为基底，可以充当各式各样的角色来生成回复。因此，用户在与 ChatGPT 对话时，可以先赋予其身份，如让 ChatGPT 充当 AI 绘画师，对生成 ×× 类型的绘画给出指令建议，ChatGPT 会生成更有参考价值的答案。

赋予 ChatGPT 以身份，相当于给了 ChatGPT 一定的语言风格和话题内容方面的提示，让 ChatGPT 能够对接下来的对话做足准备。

例如，我们让 ChatGPT 充当一个 AI 绘画师，让它提供建筑绘画的指令建议，那么可以在 ChatGPT 中输入"你现在是一位 AI 绘画师，请提供一些生成建筑艺术作品的指令建议"，可以得到 ChatGPT 的回复，如图 3-12 所示。

当我作为AI绘画师，我可以根据您的指令生成建筑艺术作品的描述或图像。以下是一些建议，可用于指导我生成建筑艺术作品：

1. 建筑类型：指定您感兴趣的建筑类型，如现代摩天大楼、古老城堡、传统庙宇等。

2. 建筑特征：描述建筑的特点，如建筑风格、立面设计、屋顶形状、窗户类型等。

3. 环境背景：提供建筑所在的环境背景，如城市街景、郊区乡村、山区风光等。

4. 色彩和材质：指定您期望的颜色方案和建筑材质，如红砖、大理石、木材等。

5. 视角和比例：说明您希望从哪个角度观察建筑，并指定适当的比例和尺寸。

6. 其他要求：如果您有其他具体的要求或偏好，如添加花园、庭院、人物等，请一并告知。

请注意，作为AI绘画师，我将努力根据您的指令生成合理的建筑艺术作品。由于限制在文本环境中，我将无法直接提供实时图像或物理作品。因此，我将以描述或以文本形式呈现生成的作品。

图 3-12 ChatGPT 提供建筑艺术作品的指令建议

再例如，我们让 ChatGPT 充当一个 AI 绘画师，让它提供摄影作品的指令建议，那么可以在 ChatGPT 中输入“你现在是一位 AI 绘画师，请提供一些生成摄影艺术作品的指令建议”，可以得到 ChatGPT 的回复，如图 3-13 所示。

作为一位AI绘画师，我可以为你提供生成摄影艺术作品的指令建议。以下是一些常见的指令和提示：

1. 指定主题：告诉我你想要表达的主题或情感，例如大自然、城市风景、人物肖像、抽象等。这将帮助我更好地理解你的需求并生成符合主题的作品。
2. 指定构图要素：指定一些构图要素，如对称、透视、重复模式、颜色对比等。这些要素能够影响画面的组合和平衡，营造出不同的视觉效果。
3. 设定风格：告诉我你希望作品呈现的风格，例如写实、印象派、现代抽象、黑白摄影等。不同的风格将赋予作品独特的氛围和艺术感。
4. 调整光线和色彩：如果你希望作品具有特定的光线效果或色彩调性，可以描述你期望的光线方向、亮度、色温等信息。这将使作品更加生动和吸引人。
5. 创造情感氛围：描述你希望作品传达的情感或氛围，如喜悦、哀愁、宁静、神秘等。通过调整色调、对比度和构图等因素，可以营造出符合情感主题的效果。
6. 添加细节和纹理：如果你希望作品更加丰富和细致，可以指定一些具体的细节和纹理要素，例如树叶、纹理墙壁、玻璃反射等。这将增加作品的真实感和观赏性。

请注意，虽然我可以生成艺术作品的指令建议，但最终的创作过程和结果仍然取决于模型的训练和生成能力。我将尽力根据你的指令生成令人满意的摄影艺术作品，但也可能需要多次尝试和调整才能达到你的预期。

图 3-13　ChatGPT 提供摄影作品的指令建议

3.2.2　模仿艺术风格

用户需要带有艺术感的 AI 绘画作品时，可以建立模仿优秀画家、漫画家、影视导演、设计师等作品风格的思路，让 AI 绘画工具模仿优秀的艺术作品进行绘画。

尤其是涉及有故事感、意境的绘画作品时，用户可以让 ChatGPT 模仿某一位艺术家的风格创作出故事，然后再提炼出故事对应的场景关键词，场景关键词即可用作 AI 绘画的指令。

例如，用户让 ChatGPT 模仿艺术家的创作风格来创作故事，如输入“请模仿新海诚的风格，写一篇校园故事，要求 200 字左右”，可以得到 ChatGPT 的回复，如图 3-14 所示。

校园的午后，阳光洒在草地上，穿过树影投在学生们的身上。这是一个寂静而和谐的世界。

故事的主人公是一位名叫小鸟的高中生。他总是一个人默默地坐在树下，沉浸在自己的世界里。小鸟喜欢捧着一本古老的绘本，静静地欣赏着其中的画面。

有一天，小鸟偶然发现绘本里的故事情节竟然与校园里发生的事情相似。他惊讶地发现自己竟然能够预知未来。小鸟开始用这个能力帮助他人，带领他们走出困境。

他遇到了一个沉默寡言的男孩，他总是躲在角落里看书。小鸟知道他是因为内向而被同学孤立。小鸟鼓励他向班级展示自己的才能，最终他在音乐比赛上展现了出色的才华，赢得了大家的尊重。

小鸟还遇到了一个喜欢画画的女孩，她因为缺乏自信而不愿意展示自己的作品。小鸟鼓励她参加学校的艺术展览，她的画作得到了全校师生的赞赏，她也重新找回了对艺术的热爱。

图 3-14

渐渐地，小鸟成为了学校里的传奇人物，他用自己的预知能力帮助更多的人。学校里的气氛变得温馨而融洽，每个人都愿意相互关心和帮助。

然而，小鸟渐渐发现，虽然他能够改变别人的命运，但自己的未来却逐渐模糊。他开始思考，是否应该将重心放在别人身上，还是为自己寻找属于自己的未来。

在一个美丽的黄昏，小鸟回到了那棵曾经陪伴自己的树下。他决定放下预知能力，重新寻找属于自己的梦想。他相信，只有努力追寻内心真正的渴望，才能真正找到属于自己的未来。

于是，小鸟重新开始画画，他的作品逐渐展现出自己的风格。他的梦想不再依赖于预知未来，而是融入到每一幅画作中。

这是一个关于成长和自我发现的故事，它告诉我们，在追寻梦想的路上，我们需要相信自己的能力，坚持不懈地努力，并永远保持对未来的憧憬。

图 3-14　ChatGPT 模仿艺术家的创作风格创作故事

接着再让 ChatGPT 将故事中的关键场景提炼出来，如输入"请根据上述故事，提取出 5 个可以呈现为影片的关键场景"，得到 ChatGPT 的回复，如图 3-15 所示。

1. 小鸟在校园的树下，静静地翻阅绘本，阳光洒在他身上，画面温暖而宁静。
2. 小鸟发现绘本里的故事情节与校园里发生的事情相似，他惊讶地看着绘本中的画面与现实交错，表现出他的内心独白。
3. 小鸟发现沉默寡言的男孩躲在角落里，决定帮助他，他鼓励男孩向班级展示自己的才能，在音乐比赛上男孩展现出色的才华，赢得了大家的尊重，场景渲染出比赛紧张的气氛和男孩的自信与成长。
4. 小鸟遇到缺乏自信的女孩，她不愿意展示自己的画作，小鸟鼓励她参加学校的艺术展览，女孩的画作得到了全校师生的赞赏，展现了她重新找回自信和热爱的过程。
5. 小鸟回到树下，决定放下预知能力，重新寻找属于自己的梦想，画面通过美丽的黄昏和小鸟的决心表达出他的成长与自我发现，展示他重新开始画画并展现作品风格的过程。

这些关键场景可以通过摄影技巧和音乐来渲染出情感和氛围，展现主人公的内心成长、困惑、挣扎和最终的自我发现，给观众留下深刻的印象。

图 3-15　ChatGPT 将故事中的关键场景提炼出来

用户可以将 ChatGPT 提炼出来的关键场景作为 AI 绘画的指令依次生成图像，最终组成连贯性的漫画。

3.2.3　提供实例参考

用户在向 ChatGPT 寻求 AI 指令帮助时，可以提供一个具体的实例让其参考，ChatGPT 识别之后便可以生成可供用户参考的指令。

例如，在 ChatGPT 的输入框中输入"画一只可爱小猫的 AI 绘画指令是'tiny cute adorable ginger tabby kitten'（可爱的姜黄色虎斑小猫），请根据这个指令，给出画一只可爱小狗的 AI 绘画指令"，得到 ChatGPT 的回复，如图 3-16 所示。需要注意的是，向 ChatGPT 提供实例时，为获得有效的指令，用户应提供能正确生成图像的示例。

画一只可爱小狗的AI绘画指令可以是："tiny cute adorable golden retriever puppy"（迷你、可爱、令人喜爱的金毛犬小狗）。希望这个指令可以帮助你得到你想要的可爱小狗的绘画！

图 3-16　ChatGPT 根据实例给出的指令参考

再例如，在 ChatGPT 的输入框中输入"画一幅抽象画作的 AI 绘画指令是 'abstract image, Bauhaus style, 3D, phages, black, white, red and blue, 8K'（抽象图像，包豪斯风格，3D，噬菌体，黑，白，红，蓝，8K），请分析这个指令包含哪些要素？"，让 ChatGPT 先熟悉 AI 绘画指令的要素，如图 3-17 所示。

这个指令包含了以下要素：

1. 抽象画：指令要求绘制一幅抽象画作，这意味着画作将不以现实主题或可识别的图像为基础，而是通过形状、颜色和线条等抽象元素表达感觉和情绪。
2. Bauhaus风格：Bauhaus是20世纪初德国的一所设计学院，它的设计风格强调功能性、几何形状、简洁性和工业美学。这个指令要求画作以Bauhaus风格为基础，可能包括几何形状、直线、平面色块等元素。
3. 3D效果：指令要求画作具有3D效果，这意味着画作可能会给人一种立体感或深度感。
4. 相位（phages）：这个词可能是输入时的拼写错误，没有明确的定义。根据上下文，我们可以猜测它可能指的是某种形式的图案、纹理或元素。
5. 黑、白、红和蓝：指令要求使用黑、白、红和蓝这些颜色。这些颜色将是画作的主要色彩，可能在表达情绪、对比或构图上起重要作用。
6. 8K：这个指令要求画作以8K分辨率进行绘制。8K是一种高分辨率标准，表示画作应具有非常高的细节和清晰度。

综上所述，这个指令要求以抽象、Bauhaus风格为基础，具有3D效果和某种相位元素，使用黑、白、红和蓝等颜色进行绘制，并以8K分辨率呈现。

图 3-17　ChatGPT 先熟悉 AI 绘画指令的要素

 用户在提供较为复杂的 AI 绘画指令给 ChatGPT 时，可以先让 ChatGPT 熟悉指令的要素、特征等，再让 ChatGPT 模仿示例生成有效的 AI 绘画指令。这样做的好处是防止 ChatGPT 直接识别指令时出错。

接下来，在 ChatGPT 的同一个对话窗口中继续输入指令，如输入"请根据上述指令，给出画一幅古典主义画作的 AI 绘画指令，要带有古典主义画作的特征"，ChatGPT 会给出古典主义画作的 AI 绘画指令，如图 3-18 所示。

画一幅古典主义画作的AI绘画指令可以是：

"Classical painting, realistic style, mythological theme, warm colors, chiaroscuro, oil painting technique, gold accents, high level of detail, large canvas"

图 3-18

这个指令包含了以下古典主义画作的特征:

1. 古典主义绘画:指令要求绘制一幅古典主义画作,这意味着画作将以古典主义艺术风格为基础,表达古希腊和罗马神话题材或相关主题。
2. 现实主义风格:古典主义画作通常采用现实主义的绘画风格,追求形象的精确描绘和细节的完整呈现。
3. 神话题材:古典主义画作经常以古希腊和罗马神话为题材,描绘神、英雄和神话故事。
4. 暖色调:指令要求使用暖色调,这些颜色可以营造出古典主义画作常见的温暖和谐的氛围。
5. 明暗对比:古典主义画作通常使用明暗对比 (chiaroscuro) 的技法,通过强烈的光影效果来营造戏剧性和立体感。
6. 油画技法:古典主义画作常采用油画技法,这种技法能够呈现丰富的色彩层次和细腻的笔触。
7. 金色装饰:古典主义画作常使用金色作为装饰元素,例如金色的边框或装饰物,以增加画作的华丽感。
8. 高度细节化:指令要求画作具有高水平的细节描绘,以展现出古典主义画作的精雕细琢和繁复构图。
9. 大画布:古典主义画作通常较大,指令要求使用大画布来绘制画作,以展现出宏大的气势和壮丽感。

综上所述,根据上述指令,画一幅古典主义画作的AI绘画指令将包括古典主义艺术风格、现实主义描绘、神话题材、暖色调、明暗对比、油画技法、金色装饰、高度细节化和大画布等特征。

↻ Regenerate response

图 3-18　ChatGPT 给出古典主义画作的 AI 绘画指令

3.2.4　提供种子词提示

种子词是指生成文章中需要包含的字词。在指令中加入种子词,可以帮助 ChatGPT 模型更快地提取到恰当的文本数据,从而生成更为有效的答案。例如,在 ChatGPT 的输入框中输入"请根据以下种子词生成 AI 绘画指令:专业摄影、冷暖色调、干净简洁",ChatGPT 给出了 AI 绘画指令的建议,如图 3-19 所示。

生成AI绘画指令:使用专业摄影作为主题,营造冷暖色调的氛围,并注重干净简洁的表现方式。以下是具体的指令:

1. 选择一张专业摄影作品作为参考,确保画面构图和细节精确。
2. 使用冷暖色调来塑造画面的氛围。可以使用冷色调 (如蓝色、绿色) 和暖色调 (如橙色、黄色) 的组合,使画面更具视觉冲击力。
3. 注意色彩的平衡和对比度,以确保画面整体的视觉效果。可以在冷暖色调之间创造鲜明的对比,同时保持色彩的和谐统一。
4. 使用清晰的线条和简洁的形状来描绘物体和背景,以突出主题的专业性和简洁性。避免过多的细节和复杂的纹理,使画面更加整洁。
5. 注意光影效果的运用,以增强画面的立体感和层次感。适当运用明暗对比,突出重要元素,并给予画面更多的细腻和深度。
6. 要注重细节的精确描绘,特别是对于摄影器材、摄影师动作等专业摄影元素的描绘。保持准确性和真实感,以展现专业摄影的特点。
7. 最后,审查整个画面,确保它的干净简洁,没有多余的元素或杂乱的线条。通过精确的构图和细节处理,使画面看起来整齐、清晰和专业。

请注意,以上只是一些建议和指导,实际的绘画过程可能因艺术家的风格和技巧而有所不同。

图 3-19　ChatGPT 根据种子词给出 AI 绘画指令的建议

还可以优化 ChatGPT 指令,加入具体的绘画工具,如在 ChatGPT 的输入框中输入"请根据以下种子词提供可以运用 Midjourney 生成图像的 AI 绘画指令:专业摄影、冷暖色调、干净简洁",ChatGPT 会给出满足要求的 AI 绘画指令,如图 3-20 所示。

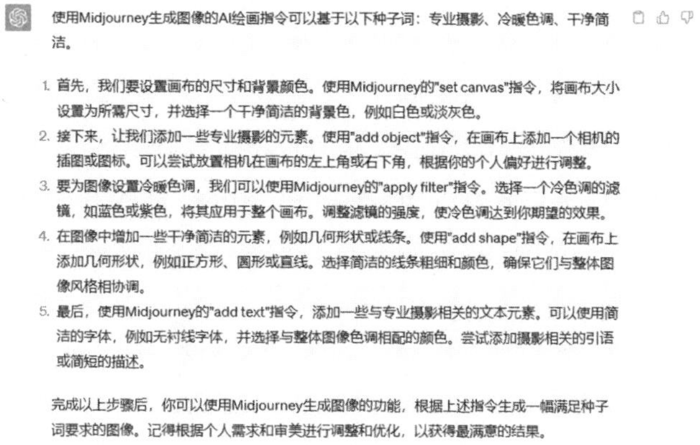

使用Midjourney生成图像的AI绘画指令可以基于以下种子词：专业摄影、冷暖色调、干净简洁。

1. 首先，我们要设置画布的尺寸和背景颜色。使用Midjourney的"set canvas"指令，将画布大小设置为所需尺寸，并选择一个干净简洁的背景色，例如白色或淡灰色。
2. 接下来，让我们添加一些专业摄影的元素。使用"add object"指令，在画布上添加一个相机的插图或图标。可以尝试放置相机在画布的左上角或右下角，根据你的个人偏好进行调整。
3. 要为图像设置冷暖色调，我们可以使用Midjourney的"apply filter"指令。选择一个冷色调的滤镜，如蓝色或紫色，将其应用于整个画布。调整滤镜的强度，使冷色调达到你期望的效果。
4. 在图像中增加一些干净简洁的元素，例如几何形状或线条。使用"add shape"指令，在画布上添加几何形状，例如正方形、圆形或直线。选择简洁的线条粗细和颜色，确保它们与整体图像风格相协调。
5. 最后，使用Midjourney的"add text"指令，添加一些与专业摄影相关的文本元素。可以使用简洁的字体，例如无衬线字体，并选择与整体图像色调相配的颜色。尝试添加摄影相关的引语或简短的描述。

完成以上步骤后，你可以使用Midjourney生成图像的功能，根据上述指令生成一幅满足种子词要求的图像。记得根据个人需求和审美进行调整和优化，以获得最满意的结果。

图 3-20　ChatGPT 给出满足要求的 AI 绘画指令

⫸ 3.2.5　输入拓宽思维的指令

如果用户需要用 ChatGPT 来生成创意图像的 AI 绘画指令，可以在提问时加上这个关键词"What are some alternative perspectives ？"（有哪些其他观点？），引导 ChatGPT 发挥创造性，更大程度上拓宽 ChatGPT 模型的思维广度。

例如，在 ChatGPT 中输入"请提供能够生成茶叶包装设计的 AI 绘画指令"，ChatGPT 给出中规中矩的 AI 绘画指导建议，如图 3-21 所示。

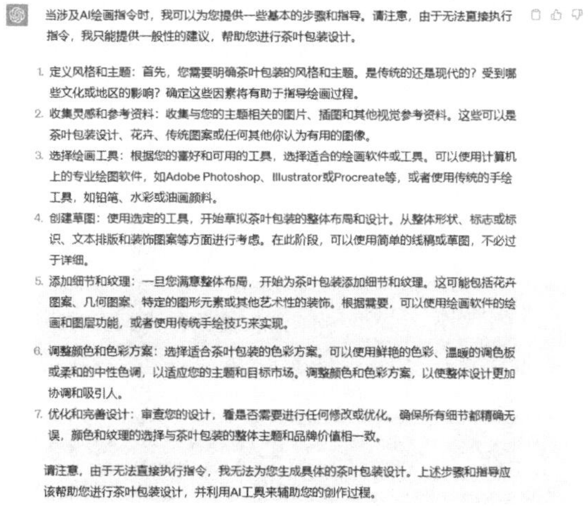

当涉及AI绘画指令时，我可以为您提供一些基本的步骤和指导。请注意，由于无法直接执行指令，我只能提供一般性的建议，帮助您进行茶叶包装设计。

1. 定义风格和主题：首先，您需要明确茶叶包装的风格和主题。是传统的还是现代的？受到哪些文化或地区的影响？确定这些因素将有助于指导绘画过程。
2. 收集灵感和参考资料：收集与您的主题相关的图片、插画和其他视觉参考资料。这些可以是茶叶包装设计、花卉、传统图案或任何其他您认为有用的图像。
3. 选择绘画工具：根据您的喜好和可用的工具，选择适合的绘画软件或工具。可以使用计算机上的专业绘画软件，如Adobe Photoshop、Illustrator或Procreate等，或者使用传统的手绘工具，如铅笔、水彩或油画颜料。
4. 创建草图：使用选定的工具，开始草拟茶叶包装的整体布局和设计。从整体形状、标志或标识、文本排版和装饰图案等方面进行考虑。在此阶段，可以使用简单的线条或草图，不必过于详细。
5. 添加细节和纹理：一旦您满意整体布局，开始为茶叶包装添加细节和纹理。这可能包括花卉图案、几何图案、特定的图形元素或其他艺术性的装饰。根据需要，可以使用绘画软件的绘画和图层功能，或者使用传统手绘技巧来实现。
6. 调整颜色和色彩方案：选择适合茶叶包装的色彩方案。可以使用鲜艳的色彩、温暖的调色板或柔和的中性色，以适应您的主题和目标市场。调整颜色和色彩方案，以使整体设计更加协调和吸引人。
7. 优化和完善设计：审查您的设计，看是否需要进行任何修改或优化。确保所有细节都精确无误，颜色和纹理的选择与茶叶包装的整体主题和品牌价值相一致。

请注意，由于无法直接执行指令，我无法为您生成具体的茶叶包装设计。上述步骤和指导应该帮助您进行茶叶包装设计，并利用AI工具来辅助您的创作过程。

图 3-21　ChatGPT 给出中规中矩的 AI 绘画指导建议

再次提问"请提供能够生成茶叶包装设计的 AI 绘画指令，What are some alternative perspectives ？"，ChatGPT 拓宽思路和角度给出回复，为用户提供更多的帮助，如图 3-22 所示。

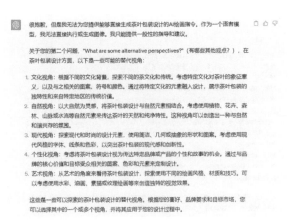

图 3-22　ChatGPT 拓宽思路和角度给出回复

3.3 3 个事项顺利运用 ChatGPT

为了保障 ChatGPT 能够顺利、稳定地生成 AI 绘画指令建议，用户可以了解一些运用 ChatGPT 的基本常识。本节将介绍运用 ChatGPT 的注意事项。

3.3.1 ChatGPT 生成的答案不唯一

当用户向 ChatGPT 提问时，多次提问同一个问题，ChatGPT 会给出不同的回复，示例如图 3-23 和图 3-24 所示。ChatGPT 的这个功能可以用于优化答案，与前面单击 Regenerate response 按钮让 ChatGPT 重新生成答案的用法是一致的。当用户想要优化 ChatGPT 给出的 AI 绘画指令时，可以尝试多次提问同一个问题。

图 3-23

图 3-23　ChatGPT 给出的回复（1）

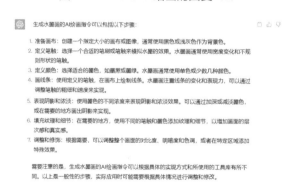

图 3-24　ChatGPT 给出的回复（2）

3.3.2　ChatGPT 会因字数受限而中断

ChatGPT 有文本字数限制，导致用户在使用的过程中容易出现文字中断的情况，如图 3-25 所示。当遇到这类情况时，用户可以通过发出"继续写"指令或单击 Continue generating 按钮，让 ChatGPT 继续生成文本，如图 3-26 所示。

图 3-25　ChatGPT 出现文字中断的情况

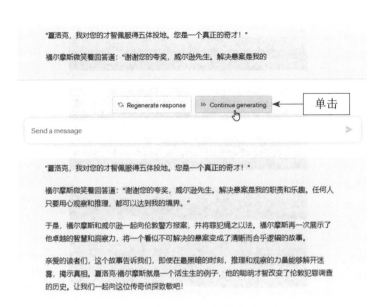

图 3-26　让 ChatGPT 继续生成文本

▶ 3.3.3　ChatGPT 存在不稳定的状况

ChatGPT 在使用的过程中，还可能出现一些不稳定的状况，如 ChatGPT 免费版本在高峰时期会被限制提问次数，ChatGPT 不能完全理解提问，或系统不稳定无法登录等。下面简要介绍 ChatGPT 可能出现的这些状况。

❶ 被限制提问次数

当用户使用免费版本的 ChatGPT 时，可能偶尔会碰到如图 3-27 所示的提示，被限制提示次数。

图 3-27　ChatGPT 出现限制用户提问次数的提示

此时，用户需要等待一小时或一小时以上的时间重新登录使用，也可以选择升级至 Plus 版本享受更流畅的服务。

❷ 不能完全理解提问

有时，ChatGPT 会像学生在课堂上走神一般无法完全理解用户的提问，从而给出一些"跑题"的回复。为避免这种情况出现，用户应尽可能多地提供生成 AI 绘画指令的提示词给 ChatGPT，正确的示范如图 3-28 所示。

图 3-28　让 ChatGPT 生成有效回复的提示词示范

③ 系统无法登录

用户在运用 ChatGPT 时可能偶尔会碰到无法登录的情况，此时可以尝试刷新网络或更改网络配置来解决。

尽管 ChatGPT 目前可能还存在上述问题，但无法否认，ChatGPT 是生成式 AI 应用的一大进步，相信 ChatGPT 通过未来 AI 技术的发展会变得越来越完善。

本章 小结

本章主要介绍了 ChatGPT 生成 AI 绘画指令的方法和使用 ChatGPT 平台的注意事项，包括 3 种方法掌握 ChatGPT 用法、5 种技巧编写 ChatGPT 指令和 3 个事项顺利运用 ChatGPT。通过本章的学习，读者能够熟练掌握 ChatGPT 生成 AI 绘画指令的方法。

课后 习题

鉴于本章知识的重要性，为了使读者更好地掌握所学知识，下面将通过课后习题帮助读者进行简单的知识回顾和补充。

1. 编写 ChatGPT 指令有哪些方法或技巧？

2. 尝试运用 ChatGPT 生成纸杯包装设计的 AI 绘画指令，效果如图 3-29 所示。

当您设计纸杯包装时，您可以向AI提供以下指令，以突出纸杯的优势：

1. 形状和结构：指定纸杯的形状和结构，以确保它具有良好的稳定性和易于使用。您可以要求AI设计一个经典的圆筒形纸杯，或者尝试一些创新的形状，如折叠杯或带有特殊握把的设计。

2. 材料和环保性：强调纸杯的材料和环保特性。您可以要求AI使用可回收或可降解的材料来制作纸杯，并确保指令中强调纸杯的环保性，例如减少塑料使用量。

3. 印刷和图案：指定纸杯的印刷和图案要素。您可以要求AI在纸杯上印刷您的品牌标志、商标或标语，以提高品牌识别度。您还可以要求AI添加有趣的图案、图像或文案，使纸杯更具吸引力和个性化。

4. 保温性能：如果您希望纸杯具有保温功能，可以明确要求AI设计具有隔热层或双层结构的纸杯。这样的设计可以保持饮品的温度更长时间，并提供更好的用户体验。

5. 使用便利性：强调纸杯的使用便利性。您可以要求AI设计易于握持的纸杯外壳，或者添加折叠、撕开或旋转等特殊功能，以方便用户使用纸杯。

6. 安全性：确保纸杯设计符合食品安全标准。您可以要求AI使用食品级材料和安全的印刷墨水，以确保纸杯不会对饮品产生不良影响。

请记住，这些指令仅为示例，您可以根据您的具体需求进行修改和扩展。AI会尽力根据您的指示提供最佳的纸杯包装设计。

图 3-29　ChatGPT 生成纸杯包装设计的 AI 绘画指令

扫码看答案

扫码看教程

04

第 4 章

文心一格：AI 绘图作画的工具之一

文心一格是一个非常有潜力的 AI 绘画工具，可以帮助用户实现更高效、更有创意的绘画创作。本章主要介绍文心一格的 AI 绘画操作方法，帮助大家实现"一语成画"的目标，轻松做出各种图像作品。

4.1 4 种方法入门文心一格绘图

文心一格具有百度在自然语言处理、图像识别等领域积累的深厚技术实力和海量数据资源，能够支持自定义关键词、画面类型、图像比例、数量等参数设置。用户可以通过文心一格快速生成高质量的画作，生成的图像质量甚至可以与人类创作的艺术品相媲美。

但需要注意的是，即使关键词完全相同，文心一格每次生成的画作也会有差异。本节主要介绍用文心一格生成图像的 4 种基本操作方法。

4.1.1 做足"电量"准备

"电量"是文心一格平台为用户提供的数字化商品，用于兑换文心一格平台上的图片生成服务、指定公开画作下载服务以及其他增值服务等。用户在使用文心一格绘图前，应做足"电量"准备。下面介绍文心一格充电的操作方法。

扫码看教程

步骤 1 登录文心一格平台后，在首页单击 ⚡ 按钮，如图 4-1 所示。

图 4-1 单击相应按钮

步骤 2 执行操作后，即可进入充电页面，用户可以通过完成签到、画作分享、公开优秀画作 3 种任务来领取"电量"，也可以单击"充电"按钮，如图 4-2 所示，选择相应的充值金额，单击"立即购买"按钮进行充电。

图 4-2 单击"充电"按钮

"电量"可用于文心一格平台提供的 AI 创作服务，当前支持选择"推荐"和"自定义"模式进行自由 AI 创作。创作失败的画作对应消耗的"电量"会退还到用户的账号，用户可以在"电量明细"页面查看。

4.1.2 使用推荐模式

扫码看教程

对于新手来说，可以直接使用文心一格的"推荐"AI 绘画模式，只需输入关键词（该平台也将其称为创意），即可让 AI 自动生成图片，具体操作方法如下。

步骤 1 登录文心一格后，单击"立即创作"按钮，进入"AI 创作"页面，输入相应的指令，如"内置水母，水晶球，高分辨率，锐化，梦幻感，浪漫主义"，单击"立即生成"按钮，如图 4-3 所示。

图 4-3 单击"立即生成"按钮

步骤 2 稍等片刻，即可生成相应的图片效果，如图 4-4 所示。

图 4-4　生成相应的图片效果

4.1.3　选择图片风格

文心一格的图片风格类型非常多，包括"智能推荐""艺术创想""唯美二次元""中国风""概念插画""明亮插画""梵高""超现实主义""插画""像素艺术""炫彩插画"等。下面介绍选择合适的图片风格的操作方法。

扫码看教程

步骤 1 进入"AI 创作"页面，输入相应的指令，在"画面类型"选项区中单击"更多"按钮，如图 4-5 所示。

步骤 2 执行操作后，即可展开"画面类型"选项区，在其中选择"艺术创想"选项，如图 4-6 所示。

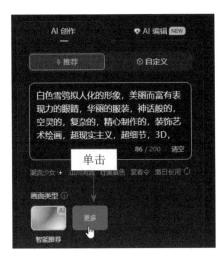

图 4-5　单击"更多"按钮　　　　　图 4-6　选择"艺术创想"选项

步骤 3　单击"立即生成"按钮，即可生成"艺术创想"风格的 AI 绘画作品，效果如图 4-7 所示。

图 4-7　生成"艺术创想"风格的 AI 绘画作品

　　本例中运用的指令是"白色雪鸮拟人化的形象，美丽而富有表现力的眼睛，华丽的服装，神话般的，空灵的，复杂的，精心制作的，装饰艺术绘画，超现实主义，超细节，3D，8K，超现实，照片真实感和电影视觉感"，详细的指令描述能够让文心一格绘画更有质感。

　　另外，AI 绘画关键词相同，选择的画面类型不同，生成的图片风格也不一样。"艺术创想"风格给予了 AI 更多的想象空间。

▶ 4.1.4　设置比例与数量

　　在文心一格中除了可以选择多种图片风格，还可以设置图片

扫码看教程

的比例（竖图、方图和横图）和数量（最多 9 张），具体操作方法如下。

步骤 1 进入"AI 创作"页面，输入相应的指令，设置"比例"为"方图""数量"为 2，如图 4-8 所示。

图 4-8　设置"比例"和"数量"选项

步骤 2 单击"立即生成"按钮，生成两幅 AI 绘画作品，效果如图 4-9 所示。

图 4-9　生成两幅 AI 绘画作品

本例中运用的指令是"海边的帐篷度假村，平和的海面，柔和的沙滩，风景摄影，视野深度，佳能相机拍摄"。这个指令给出了摄影使用的相机型号和用光设置，可以帮助文心一格更快、更好地绘图。

4.2　6 种玩法熟练运用文心一格

用户在掌握文心一格的基本绘图方法之后，可以进一步掌握文心一格的高级玩法，挖掘出文心一格更多的潜在功能。本节将介绍文心一格的 6 种玩法。

4.2.1 自定义模式绘图

使用文心一格的"自定义"AI绘画模式，用户可以设置更多的关键词，从而让生成的图片效果更加符合自己的需求，具体操作方法如下。

步骤1 进入"AI创作"页面，切换至"自定义"选项卡，输入相应的指令，如"有设计感的跑鞋，错综复杂的针织线，产品摄影，小众，超细节，有亮点"，设置"选择AI画师"为"创艺"，如图4-10所示。

步骤2 在下方继续设置"尺寸"为4：3、"数量"为1，如图4-11所示。

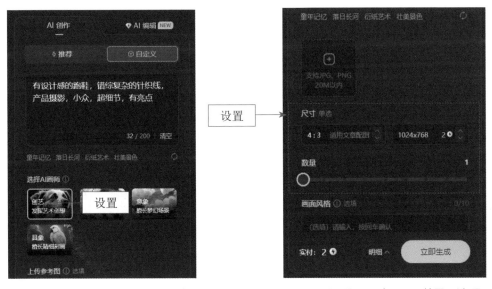

图4-10　设置"选择AI画师"选项　　　图4-11　设置"尺寸"和"数量"选项

步骤3 单击"立即生成"按钮，即可生成自定义的AI绘画作品，效果如图4-12所示。

图4-12　生成自定义的AI绘画作品

在"自定义"AI 绘画模式中，有"创艺""二次元""意象""具象"4 种 AI 画师选项，不同的 AI 画师对应生成不同类型的画作，用户可以按需选择。

4.2.2　上传参考图绘图

使用文心一格的"上传参考图"功能，用户可以上传任意一张图片，通过文字描述想修改的地方，实现类似的图片效果，具体操作方法如下。

步骤 1 在"AI 创作"页面的"自定义"选项卡中，输入相应指令，如"黑色的背景，橙色的花，中心构图，梦幻般的光线"，设置"选择 AI 画师"为"创艺"，单击"上传参考图"下方的■按钮，如图 4-13 所示。

图 4-13　单击相应按钮

步骤 2 执行操作后，弹出"打开"对话框，选择相应的参考图，如图 4-14 所示。

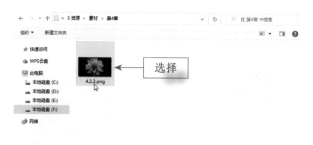

图 4-14　选择相应的参考图

步骤 3 单击"打开"按钮上传参考图，并设置"影响比重"为 8，如图 4-15 所示，该数值越大，参考图的影响就越大。

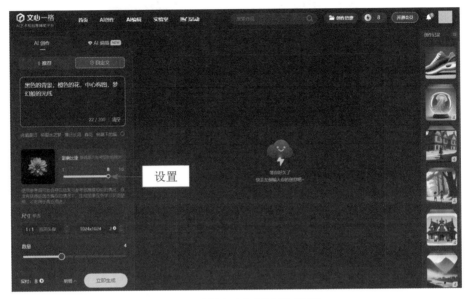

图 4-15　设置"影响比重"选项

步骤 4 在下方继续设置"尺寸"为 3 ： 2、"数量"为 1，单击"立即生成"按钮，如图 4-16 所示。

图 4-16　单击"立即生成"按钮

步骤 5 执行操作后，即可根据参考图生成类似的图片，效果如图 4-17 所示。

从指令到制作一本通

图 4-17　根据参考图生成类似的图片效果

4.2.3　设置画面风格

在文心一格的"自定义"AI 绘画模式中，除了可以选择"AI 画师"，用户还可以输入自定义的画面风格关键词，从而生成各种类型的图片，具体操作方法如下。

扫码看教程

步骤 1 在"AI 创作"页面的"自定义"选项卡中，输入相应指令，如"美味的宫保鸡丁，超高清，专业摄影，写实"，设置"选择 AI 画师"为"创艺"，如图 4-18 所示。

步骤 2 在下方继续设置"尺寸"为 3 ∶ 2、"数量"为 1、"画面风格"为"矢量画"，如图 4-19 所示。

图 4-18　设置"选择 AI 画师"选项

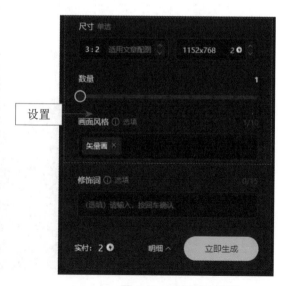

图 4-19　设置相应选项

步骤 3 单击"立即生成"按钮，即可生成相应风格的图片，效果如图 4-20 所示。

图 4-20　生成相应风格的图片效果

在文心一格中，内置了"水墨画""水彩画""水粉画""哑光""油画""二次元""素描画""铅笔画""浮世绘""涂鸦""炭笔画""矢量画""工笔画"不同种类的画面风格选项，满足用户自定义绘画的需求。

4.2.4　设置修饰词

使用修饰词可以提升文心一格的出图质量，而且修饰词还可以叠加使用，具体操作方法如下。

扫码看教程

步骤 1 在"AI 创作"页面的"自定义"选项卡中，输入相应指令，如"羽绒服，创意广告，超细节，高对比度"，设置"选择 AI 画师"为"创艺"，如图 4-21 所示，提出绘画要求。

步骤 2 在下方继续设置"尺寸"为 3：2、"数量"为 1、"画面风格"为"矢量画"，如图 4-22 所示。

图 4-21　设置"选择 AI 画师"选项

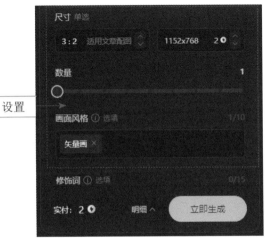

图 4-22　设置相应选项

步骤 3 单击"修饰词"下方的输入框，在弹出的面板中单击"cg渲染"标签，如图4-23所示，即可将该修饰词添加到输入框中。

步骤 4 使用同样的操作方法，添加一个"摄影风格"修饰词，如图4-24所示。

专家提醒 cg是计算机图形（computer graphics）的缩写，指的是使用计算机来创建、处理和显示图形的技术。

 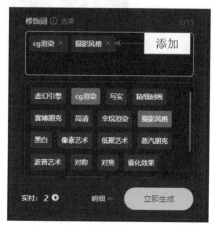

图4-23　单击"cg渲染"标签　　　　图4-24　添加"摄影风格"修饰词

步骤 5 单击"立即生成"按钮，即可生成品质更高且更具有摄影感的图片，效果如图4-25所示。

图4-25　生成相应的图片效果

▶ 4.2.5　添加艺术家效果

在文心一格的"自定义"AI绘画模式中，用户可以添加合适

扫码看教程

的艺术家效果关键词来模拟特定的艺术家绘画风格，从而生成相应的图片效果，具体操作方法如下。

步骤 1 在"AI 创作"页面的"自定义"选项卡中，输入相应指令，如"月饼礼盒包装设计，质感细腻，光影特效，创意感"，设置"选择 AI 画师"为"创艺"，如图 4-26 所示。

步骤 2 在下方继续设置"尺寸"为 16 ：9、"数量"为 1、"画面风格"为"工笔画"，如图 4-27 所示。

图 4-26 设置"选择 AI 画师"选项

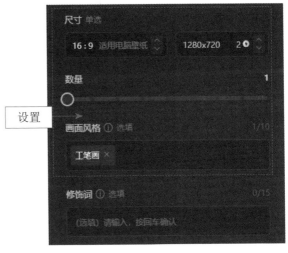

图 4-27 设置相应选项

步骤 3 单击"修饰词"下方的输入框，添加"高清"和"精致"两个标签，如图 4-28 所示，增加图片的质感。

步骤 4 在"艺术家"下方的输入框中添加相应的艺术家名称，如图 4-29 所示。

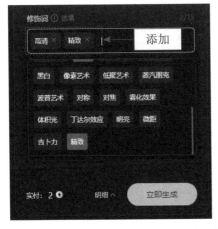

图 4-28 添加"高清"和"精致"两个标签

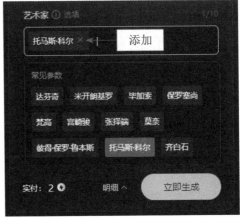

图 4-29 添加相应的艺术家名称

第 4 章 文心一格：AI 绘图作画的工具之一

步骤 5 单击"立即生成"按钮，即可生成相应艺术家风格的图片，效果如图 4-30 所示。

图 4-30 生成相应艺术家风格的图片效果

4.2.6 设置不希望出现的内容

在文心一格的"自定义"AI 绘画模式中，用户可以设置"不希望出现的内容"选项，从而在一定程度上减少该内容出现的概率，具体操作方法如下。

扫码看教程

步骤 1 在"AI 创作"页面的"自定义"选项卡中，输入相应指令，如"室内餐厅设计，马克笔手绘风格"，设置"选择 AI 画师"为"创艺"，如图 4-31 所示。

步骤 2 在下方继续设置"尺寸"为 3：2、"数量"为 1、"画面风格"为"动漫"，如图 4-32 所示。

图 4-31 设置"选择 AI 画师"选项

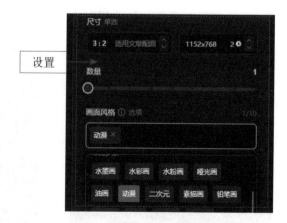

图 4-32 设置相应选项

步骤 3 单击"修饰词"下方的输入框，在弹出的面板中单击"吉卜力"标签，如图 4-33 所示，即可将该修饰词添加到输入框中。

步骤 4 在"不希望出现的内容"下方的输入框中输入"人物"，如图 4-34 所示，表示降低人物在画面中出现的概率。

图 4-33　单击"吉卜力"标签　　　　　图 4-34　输入"人物"

步骤 5 单击"立即生成"按钮，即可生成相应的图片，效果如图 4-35 所示。

图 4-35　生成相应的图片效果

　在文心一格中输入多个关键词时，关键词之间要用空格或逗号隔开。

本章 小结

本章主要向读者介绍了文心一格的 AI 绘画技巧，具体内容包括做足"电量"准备、使用推荐模式、选择图片风格、设置比例与数量、自定义模式绘图、上传参考图绘图、设置画面风格、设置修饰词、添加艺术家效果、设置不希望出现的内容，让读者能够更好地掌握使用文心一格绘制图像的操作方法。

课后 习题

鉴于本章知识的重要性，为了使读者更好地掌握所学知识，下面将通过课后习题帮助读者进行简单的知识回顾和补充。

1. 使用文心一格绘制一张薯片外包装的商品图。

2. 使用文心一格绘制一张莲花特写摄影照片，效果参考图 4-36 所示。

图 4-36　莲花特写摄影照片效果

扫码看答案

扫码看教程

第 5 章

Midjourney：AI 绘图作画的工具之二

　　Midjourney 是一个通过人工智能技术进行绘画创作的工具，用户可以在其中输入文字、图片等提示内容，让 AI 机器人自动创作出符合要求的电商图片。本章主要介绍 Midjourney 的基本操作方法，帮助大家掌握 AI 绘画的核心技巧。

5.1 5 种玩法基本掌握 Midjourney 绘画

使用 Midjourney 绘画的关键在于输入的指令。如果用户想要生成高质量的图像，则需要大量地训练 AI 模型和深入了解艺术设计的相关知识。本节将介绍 5 种 Midjourney 的基本操作方法，帮助大家快速入门 Midjourney 绘画。

5.1.1 常用指令

在 Midjourney 中，用户可以使用各种指令与 Discord 平台上的 Midjourney Bot（机器人）进行交互，告诉它你想要获得一张什么样的效果图片。Midjourney 的指令主要用于创建图像、更改默认设置以及执行其他有用的任务。

表 5-1 所示为 Midjourney 中的常用 AI 绘画指令。

表 5-1　Midjourney 中的常用 AI 绘画指令

指令	描述
/ask（问）	得到一个问题的答案
/blend（混合）	轻松地将两张图片混合在一起
/daily_theme（每日主题）	切换 #daily-theme 频道更新的通知
/docs（文档）	在 Midjourney Discord 官方服务器中使用，可快速生成指向本用户指南中涵盖的主题链接
/describe（描述）	根据用户上传的图像编写 4 个示例提示词
/faq（常见问题）	在 Midjourney Discord 官方服务器中使用，将快速生成一个链接，指向热门 prompt 技巧频道的常见问题解答
/fast（快速）	切换到快速模式
/help（帮助）	显示 Midjourney Bot 有关的基本信息和操作提示
/imagine（想象）	使用关键词或提示词生成图像
/info（信息）	查看有关用户的账号以及任何排队（或正在运行）的作业信息
/stealth（隐身）	专业计划订阅用户可以通过该指令切换到隐身模式
/public（公共）	专业计划订阅用户可以通过该指令切换到公共模式
/subscribe（订阅）	为用户的账号页面生成个人链接
/settings（设置）	查看和调整 Midjourney Bot 的设置
/prefer option（偏好选项）	创建或管理自定义选项

指令	描述
/prefer option list（偏好选项列表）	查看用户当前的自定义选项
/prefer suffix（喜欢后缀）	指定要添加到每个提示词末尾的后缀
/show（展示）	使用图像作业 ID（identity document，账号）在 Discord 中重新生成作业
/relax（放松）	切换到放松模式
/remix（混音）	切换到混音模式

5.1.2 以文生图

Midjourney 主要使用 imagine 指令和关键词等文字内容来完成 AI 绘画操作，用户应尽量输入英文关键词。注意，AI 模型对英文单词的首字母大小写格式没有要求，但关键词之间要添加一个逗号（英文字体格式）或空格。下面介绍在 Midjourney 中以文生图的具体操作方法。

扫码看教程

步骤 1 在 Midjourney 下面的输入框内输入"/"（正斜杠符号），在弹出的列表框中选择 imagine 指令，如图 5-1 所示。

图 5-1 选择 imagine 指令

步骤 2 在 imagine 指令后方的 prompt（提示）输入框中输入相应提示词，如图 5-2 所示。

图 5-2 输入相应提示词

步骤 3 按【Enter】键确认，即可看到 Midjourney Bot 已经开始工作了，并显示图片的生成进度，如图 5-3 所示。

步骤 4 稍等片刻，Midjourney 将生成 4 张对应的图片，单击 V1 按钮，如图 5-4 所示。V 按钮的功能是以所选的图片样式为模板重新生成 4 张图片。

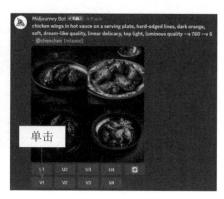

图 5-3　显示图片的生成进度　　　　　图 5-4　单击 V1 按钮

步骤 5 提交表单后，Midjourney 将以第 1 张图片为模板，重新生成 4 张图片，如图 5-5 所示。

步骤 6 如果用户对重新生成的图片都不满意，则可以单击重做按钮，如图 5-6 所示。此时，Midjourney 系统可能会弹出申请对话框，用户只需单击"提交"按钮即可。

图 5-5　重新生成 4 张图片　　　　　　图 5-6　单击重做按钮

步骤 7 执行操作后，Midjourney 会重新生成 4 张图片，单击 U2 按钮，如图 5-7 所示。

步骤 8 执行操作后，Midjourney 将在第 2 张图片的基础上进行更加精细的刻画，并放大图片效果，如图 5-8 所示。

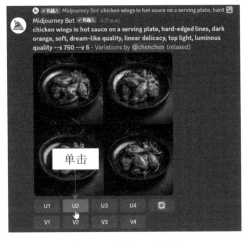

图 5-7　单击 U2 按钮

图 5-8　放大图片效果

> **专家提醒**
> Midjourney 生成的图片效果下方的 U 按钮表示放大选中图片的细节，可以生成单张的大图效果。如果用户对 4 张图片中的某张图片感到满意，则可以使用 U1 ～ U4 按钮进行选择并生成大图效果，否则 4 张图片是拼在一起的。

步骤 9 单击 Make Variations（作出变更）按钮或 Vary（Strong）（变化强）按钮并提交表单之后，将以该张图片为模板重新生成 4 张图片，如图 5-9 所示。

步骤 10 单击 U3 按钮，放大第 3 张图片效果，如图 5-10 所示。

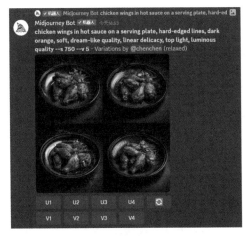

图 5-9　重新生成 4 张图片

图 5-10　放大第 3 张图片效果

▶ 5.1.3 以图生图

在 Midjourney 中，用户可以使用 describe 指令获取图片的提示，然后再根据提示内容和图片链接来生成类似的图片，这个过程就称为以图生图，也称为垫图。需要注意的是，提示词就是关键词或指令的统称，大部分用户也将其称为咒语。下面介绍在 Midjourney 中以图生图的具体操作方法。

扫码看教程

步骤 1 在 Midjourney 下面的输入框内输入"/"，在弹出的列表框中选择 describe 指令，如图 5-11 所示。

步骤 2 执行操作后，单击上传按钮 ⬆，如图 5-12 所示。

图 5-11　选择 describe 指令

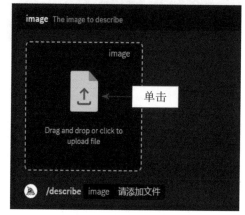

图 5-12　单击上传按钮

步骤 3 执行操作后，弹出"打开"对话框，选择相应的图片，如图 5-13 所示。

步骤 4 单击"打开"按钮将图片添加到 Midjourney 的输入框中，如图 5-14 所示，按两次【Enter】键确认。

图 5-13　选择相应的图片

图 5-14　添加到 Midjourney 的输入框中

执行操作后，Midjourney 会根据用户上传的图片生成 4 段提示词，如图 5-15 所示。用户可以通过复制提示词或单击下面的 1 ~ 4 按钮，以该图片为模板生成新的图片效果。

步骤 6 单击生成的图片，在弹出的预览图中单击鼠标右键，在弹出的快捷菜单中选择"复制链接"选项，如图 5-16 所示，复制图片链接。

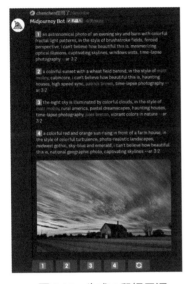

选择

图 5-15　生成 4 段提示词　　　　　图 5-16　选择"复制链接"选项

步骤 7 执行操作后，在图片下方单击 1 按钮，如图 5-17 所示。

步骤 8 弹出 Imagine This!（想象一下！）对话框，在 PROMPT 文本框中的提示词前面粘贴复制的图片链接，如图 5-18 所示。注意，图片链接和提示词中间要添加一个空格。

单击

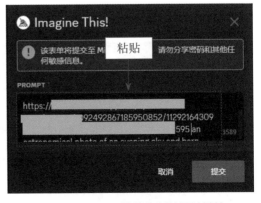

粘贴

图 5-17　单击 1 按钮　　　　　图 5-18　粘贴复制的图片链接

步骤 9 单击"提交"按钮，以参考图为模板生成 4 张图片，如图 5-19 所示。

步骤 10 单击 U1 按钮，放大第 1 张图片，效果如图 5-20 所示。

图 5-19 生成 4 张图片

图 5-20 放大第 1 张图片效果

▶ 5.1.4 混合生图

在 Midjourney 中，用户可以使用 blend 指令快速上传 2～5 张图片，然后查看每张图片的特征，并将它们混合生成一张新的图片。下面介绍在 Midjourney 中混合生图的具体操作方法。

扫码看教程

步骤 1 在 Midjourney 下面的输入框内输入 "/"，在弹出的列表框中选择 blend 指令，如图 5-21 所示。

步骤 2 执行操作后，出现两个图片框，单击左侧的上传按钮，如图 5-22 所示。

图 5-21 选择 blend 指令

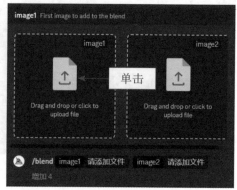

图 5-22 单击上传按钮

步骤 3 执行操作后，弹出"打开"对话框，选择相应的图片，如图 5-23 所示。

步骤 4 单击"打开"按钮，将图片添加到左侧的图片框中，并用同样的操作方法在右侧的图片框中添加一张图片，如图 5-24 所示。

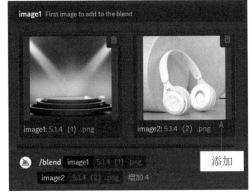

图 5-23 选择相应的图片　　　　　　　　图 5-24 添加两张图片

步骤 5 连续按两次【Enter】键，Midjourney 会自动完成图片的混合操作，并生成 4 张新的图片，这是没有添加任何图像描述指令的效果，如图 5-25 所示。

步骤 6 单击 U2 按钮，放大第 2 张图片效果，如图 5-26 所示。

图 5-25 生成 4 张新的图片　　　　　　　图 5-26 放大第 2 张图片效果

5.1.5 混音模式更改图

使用 Midjourney 的混音模式可以更改关键词、参数、模型版本或变体之间的横纵比，让 AI 绘画变得更加灵活多变。下面介绍具体的操作方法。

扫码看教程

步骤 1 在 Midjourney 下面的输入框内输入 "/"，在弹出的列表框中选择 settings 指令，如图 5-27 所示。

步骤 2 按【Enter】键确认，即可调出 Midjourney 的设置面板，如图 5-28 所示。

图 5-27　选择 settings 指令

图 5-28　调出 Midjourney 的设置面板

> **专家提醒**　为了帮助大家更好地理解设置面板，下面将其中的内容翻译成了中文，如图 5-29 所示。注意，翻译得不是很准确，具体用法需要用户多练习才能掌握。

步骤 3 在设置面板中，单击 Remix mode 按钮，如图 5-30 所示，即可开启混音模式（按钮显示为绿色）。

图 5-29　翻译成中文的设置面板

图 5-30　单击 Remix mode 按钮

步骤 4 通过 imagine 指令输入相应的提示词，生成的图片效果如图 5-31 所示。

步骤 5 单击 V2 按钮，弹出 Remix Prompt（混音提示）对话框，如图 5-32 所示。

图 5-31 生成的图片效果　　　　　图 5-32 Remix Prompt 对话框

步骤 6 适当修改其中的某个提示词，如将 rabbits（兔子）改为 fox（狐狸），如图 5-33 所示。

步骤 7 单击"提交"按钮，即可重新生成相应的图片，将图中的兔子变成狐狸，效果如图 5-34 所示。

图 5-33 修改某个关键词　　　　　图 5-34 重新生成相应的图片效果

5.2 7 种技巧熟练掌握 Midjourney 绘画

Midjourney 具有强大的 AI 绘画功能，用户可以通过各种指令和关键词来改变 AI 绘画的效果，生成更优质的图片。本节将介绍 Midjourney 绘画的 7 种技巧，让用户在生成 AI 图像时更加得心应手。

5.2.1 设置横纵比

Midjourney 的默认宽高比为 1∶1，而运用 aspect rations（横纵比）指令可以更改生成图像的宽高比。

aspect rations 指令中的冒号为英文字体格式，且数字必须为整数。用户可以在生成图像的指令后面加上 --aspect 指令或 --ar 指令来指定图片的横纵比，示例如图 5-35 所示。需要注意的是，在图片生成或放大的过程中，最终输出的尺寸效果可能会略有修改。

图 5-35　更改宽高比效果

5.2.2 设置变化程度

在 Midjourney 中使用 --chaos（简写为 --c）指令可以影响图片生成结果的变化程度，能够激发 AI 的创造能力。--chaos 值（范围为 0 ～ 100，默认值为 0）越大，AI 的想法就会越多。

在 Midjourney 中输入相同的关键词，较低的 --chaos 值将产生更可靠的结果，生成的图片效果在风格、构图上比较相似，示例如图 5-36 所示；较高的 --chaos 值将产生意想不到的结果，生成的图片效果在风格、构图上的差异较大，示例如图 5-37 所示。

图 5-36　较低的 --chaos 值生成的图片效果

图 5-37　较高的 --chaos 值生成的图片效果

5.2.3　指定不必要元素

在关键词的末尾处加上 --no ×× 指令，可以让画面中不出现 ×× 内容。例如，在关键词后面添加 --no people 指令，表示生成的图片中不出现人物，效果如图 5-38 所示。

图 5-38 添加 --no 指令后生成的图片效果

用户可以使用 imagine 指令与 Discord 上的 Midjourney Bot 互动，该指令用于根据简短的文本说明（即关键词）生成唯一的图片。与 Midjourney Bot 互动时，宜使用简短的句子来描述你想要看到的内容，避免使用过长的关键词。

▶ 5.2.4 设置图像生成质量

在图像描述指令的后面加 --quality（简写为 --q）指令，可以改变图片生成的质量，不过高质量的图片需要更长的时间来处理细节。更高的质量意味着生成图片时 GPU（graphics processing unit，图形处理器）的运算时间更长。

例如，通过 imagine 指令输入相应的关键词，并在图像描述的指令结尾处加上 --quality .25 指令，即可以最快的速度生成最不详细的图片效果，示例如图 5-39 所示。

可以看出，当我们在图像描述的指令结尾处加上 --quality .25 指令后，Midjourney 生成的图像模糊，观感较差。

图 5-39　最不详细的图片效果

通过 imagine 指令输入相同的关键词，并在关键词的结尾处加上 --quality .5 指令，即可生成不太详细的图片效果，如图 5-40 所示，这与不使用 --quality 指令的结果差不多。

图 5-40　不太详细的图片效果

继续通过 imagine 指令输入相同的关键词，并在关键词的结尾处加上 --quality 1 指令，即可生成有更多细节的图片效果，如图 5-41 所示。

图 5-41　有更多细节的图片效果

需要注意的是，更高的 --quality 值并不总是更好，有时较低的 --quality 值可以产生更好的结果，这取决于用户对作品的期望。例如，较低的 --quality 值比较适合绘制抽象主义风格的画作。

5.2.5　获取图片的种子值

在使用 Midjourney 生成图片时，会有一个从模糊的"噪点"逐渐变得具体、清晰的过程，而这个"噪点"的起点就是"种子"（seed），Midjourney 依靠它来创建一个"视觉噪声场"，作为生成初始图片的起点。

扫码看教程

种子值是 Midjourney 为每张图片随机生成的，但可以使用 --seed 指令指定。在 Midjourney 中使用相同的种子值和关键词，将产生相同的出图结果。利用这点，我们可以生成连贯一致的人物形象或者场景。

下面介绍获取图片种子值的操作方法。

步骤 1 在 Midjourney 中生成相应的图片后，在该消息上方单击"添加反应"图标 ，如图 5-42 所示。

步骤 2 执行操作后，弹出一个"反应"对话框，如图 5-43 所示。

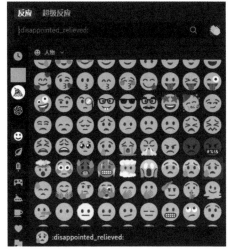

图 5-42　单击"添加反应"图标　　　　　图 5-43　"反应"对话框

步骤 3 在搜索框中输入 envelope（信封），并单击搜索结果中的信封图标 ✉，如图 5-44 所示。

步骤 4 执行操作后，Midjourney Bot 将会给我们发送一个消息，单击私信图标 🎮，如图 5-45 所示，可以查看消息。

图 5-44　单击信封图标　　　　　　图 5-45　单击私信图标

步骤 5 执行操作后，即可看到 Midjourney Bot 发送的 Job ID（作业 ID）和

图片的种子值，如图 5-46 所示。

步骤 6 此时我们可以对图像指令进行适当修改，并在结尾处加上 --seed 指令，在指令后面输入图片的种子值，然后再生成新的图片，效果如图 5-47 所示。

图 5-46 Midjourney Bot 发送的种子值 　　　　　图 5-47 生成新的图片效果

步骤 7 单击 U4 按钮，放大第 4 张图片，效果如图 5-48 所示。

图 5-48 放大第 4 张图片效果

▶ 5.2.6 设置风格化程度

在 Midjourney 中使用 stylize 指令，可以让生成的图片更具艺术性的风格。较低的 stylize 值生成的图片与图像指令密切相关，但艺术性较差，效果如图 5-49 所示。

beautiful striped butterfly fish swimming near algae plant, in the style of nikon af600, surrealist photography, fine art photography, striped arrangements --ar 4:3 --stylize 10

图 5-49　较低的 stylize 值生成的图片效果

较高的 stylize 值生成的图片非常有艺术性，但与关键词的关联性也较弱，AI 会有更大的自由发挥空间，效果如图 5-50 所示。

beautiful striped butterfly fish swimming near algae plant, in the style of nikon af600, surrealist photography, fine art photography, striped arrangements --ar 4:3 --stylize 1000

图 5-50　较高的 stylize 值生成的图片效果

5.2.7　提升以图生图的权重

在 Midjourney 中以图生图时，使用 iw 指令可以提升图像权重，即调整提示的图像（参考图）与文本部分（提示词）的重要性。

扫码看教程

第⑤章　Midjourney ": AI 绘图作画的工具之二

用户使用的 iw 值（.5 ～ 2）越大，表明上传的图片对输出结果的影响越大。注意，Midjourney 中指令的参数值如果为小数（整数部分是 0），只需加小数点即可，前面的 0 不用写出来。下面介绍提升以图生图的权重的操作方法。

步骤 1 在 Midjourney 中使用 describe 指令上传一张参考图，并生成相应的提示词，如图 5-51 所示。

步骤 2 单击参考图，在弹出的预览图中单击鼠标右键，在弹出的快捷菜单中选择"复制链接"选项，如图 5-52 所示，复制图片链接。

图 5-51　生成相应的提示词　　　　图 5-52　选择"复制链接"选项

步骤 3 调用 imagine 指令，将复制的图片链接和相应的提示词输入到 prompt 输入框中，并在后面输入 --iw 2 指令，如图 5-53 所示。

图 5-53　输入相应的图片链接、提示词和指令

步骤 4 按【Enter】键确认，即可生成与参考图的风格极其相似的图片效果，如图 5-54 所示。

步骤 5 单击 U2 按钮，生成第 2 张图的大图效果，如图 5-55 所示。

图 5-54　生成与参考图相似的图片效果　　图 5-55　生成第 2 张图的大图效果

 本章 小结

本章主要介绍了 Midjourney 绘画的技巧和高级设置，具体内容包括熟悉常用指令、以文生图、以图生图、混合生图、混音模式更改图、设置横纵比、设置变化程度、指定不必要元素、设置图像生成质量、获取图片的种子值、设置风格化程度、提升以图生图的权重。希望读者学以致用，真正习得用法。

课后 习题

鉴于本章知识的重要性，为了使读者更好地掌握所学知识，下面将通过课后习题帮助读者进行简单的知识回顾和补充。

1. 使用 Midjourney 生成一张横纵比为 9 ∶ 16 的商品图片，效果参考图 5-56 所示。

2. 尝试使用 Midjourney 生成 stylize 值为 360 的图片，效果参考图 5-57 所示。

图 5-56　生成相应尺寸的图片

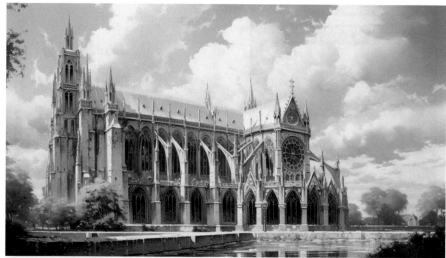

图 5-57　stylize 值为 360 的图片效果

扫码看答案

扫码看教程

第 6 章

剪映软件：生成 AI 视频的实用工具

随着 AI 技术的深入研发，AI 可以实现视频编辑、场景识别和图像增强等功能，这意味着 AI 绘画作品可以通过 AI 自动转化为视频，进一步拓展了 AI 绘画的应用场景。本章主要介绍使用剪映制作 AI 视频的方法，帮助大家提高视频制作的效率。

6.1 3 个步骤用剪映生成 AI 视频

剪映具有强大的 AI 视频制作功能，可以帮助用户快速剪辑、调整画面，并添加文字和音乐，从而打造精彩纷呈的视频效果。

本节以制作西餐厅新菜品宣传短视频为例，讲解利用 AI 从文案到图片再到视频的制作方法。

6.1.1 用 ChatGPT 生成绘画指令

在制作视频前，我们需要向 ChatGPT 描述画面主体，即告诉 AI 画一个什么样的东西。这里，我们要创作几张新菜品的图片，可以先让 ChatGPT 帮我们生成绘画指令，具体操作方法如下。

扫码看教程

步骤 1 在 ChatGPT 的输入框中输入指令，如输入"请你充当 AI 绘画师，提供一道鹅肝菜品的 AI 绘画指令示例，字数在 50 字以内"，如图 6-1 所示。

请你充当AI绘画师，提供一道鹅肝菜品的AI绘画指令示例，字数在50字以内 ◀—— 输入 ▶

Free Research Preview. ChatGPT may produce inaccurate information about people, places, or facts. ChatGPT July 20 Version

图 6-1 在输入框中输入指令（1）

步骤 2 单击发送按钮 ▶，稍等片刻，ChatGPT 会给出鹅肝菜品的指令示例，如图 6-2 所示。

CH 请你充当AI绘画师，提供一道鹅肝菜品的AI绘画指令示例，字数在50字以内

绘画指令示例：绘制一道诱人的鹅肝菜品，画面中展现一盘金黄酥脆的煎鹅肝，配以精致的 装饰和香气扑鼻的时令蔬菜，让色彩鲜艳，充满诱人美感。

图 6-2 ChatGPT 给出鹅肝菜品的回复

 专家提醒　用户对 ChatGPT 给出的指令示例不太满意时，可以单击 Regenerate response 按钮，让 ChatGPT 重新给出指令示例。

步骤 3 在 ChatGPT 中继续输入"请将上述 AI 绘画指令示例翻译为英文",如图 6-3 所示,让 ChatGPT 提供翻译帮助。

图 6-3　在输入框中输入指令（2）

步骤 4 在新的指令下,ChatGPT 会按照要求给出英文翻译,如图 6-4 所示。

请将上述AI绘画指令示例翻译为英文

Translation: Create an alluring depiction of a foie gras dish, showcasing a plate of golden, crispy pan-seared foie gras adorned with delicate garnishes and seasonal vegetables emitting enticing aromas. Let the colors be vibrant, exuding an irresistible appeal.

图 6-4　ChatGPT 给出英文翻译

用户在获得 ChatGPT 的回复并确认 ChatGPT 的翻译无误后,即可将其复制粘贴至 Midjourney 中作为绘画指令备用。

运用同样的方法可以让 ChatGPT 提供牛排、意面和冰激凌甜品的 AI 绘画指令参考,效果如图 6-5 所示。用户可以根据自己的需求从中提炼出不同菜品对应的指令,再运用 ChatGPT 翻译为英文,做好 AI 绘画准备。

请你充当AI绘画师,提供一道牛排菜品的AI绘画指令示例,字数在50字以内

绘画指令示例:绘制一份诱人的牛排菜品,画面中心放置精美煎牛排,淋上香浓黑胡椒酱,配以烤蔬菜和薯条,周围点缀新鲜草莓与迷迭香,突出色彩和质感,营造美味诱人的视觉享受。

请将上述AI绘画指令示例翻译为英文

Drawing instruction example: Create an enticing steak dish, featuring a beautifully seared steak at the center, drizzled with a rich black pepper sauce. Accompany it with roasted vegetables and crispy fries. Garnish with fresh strawberries and rosemary to enhance the colors and textures, evoking a visually delightful culinary experience.

请你充当AI绘画师,提供一道意面菜品的AI绘画指令示例,字数在50字以内

绘画指令:绘制一碗意面,面条细长柔韧,色泽金黄。在面上淋上浓郁番茄酱,点缀新鲜罗勒叶和帕玛森芝士碎。旁边搭配一片烤面包,涂抹蒜香奶油。表现出诱人的意式美味。

图 6-5

CH 请将上述AI绘画指令示例翻译为英文

Drawing instruction: Create a dish of spaghetti, with thin, long, and flexible noodles, golden in color. Drizzle rich tomato sauce over the pasta, garnish with fresh basil leaves and grated Parmesan cheese. Accompany it with a slice of garlic buttered toast. Depict an enticing Italian delicacy.

CH 请你充当AI绘画师，提供一个冰激凌甜品的AI绘画指令示例，字数在50字以内

绘画指令：绘制一个多层次的冰激凌甜品，底部为三角形的蛋筒，上面依次为巧克力、草莓和香草冰激凌，再洒上彩色糖珠和巧克力碎片，最后加上一颗樱桃在顶端。

CH 请将上述AI绘画指令示例翻译为英文

Drawing instruction: Create a multi-layered ice cream dessert with a triangular cone at the base. Layer it with chocolate, strawberry, and vanilla ice cream, then sprinkle colorful sugar beads and chocolate chips on top. Finally, add a cherry on the top.

图 6-5　ChatGPT 给出其他菜品的 AI 绘画指令示例

6.1.2　用 Midjourney 生成宣传图

我们在 ChatGPT 中生成相应的绘画指令以后，可以在 Midjourney 中绘制出我们需要的图片效果。下面介绍具体的操作方法。

扫码看教程

步骤 1　在 Midjourney 中通过 imagine 指令输入 ChatGPT 所提供的第一道菜的指令，按【Enter】键确认，Midjourney 将生成 4 张对应的鹅肝图片，如图 6-6 所示。

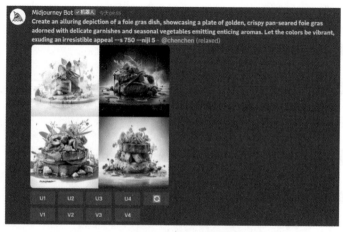

图 6-6　生成 4 张对应的鹅肝图片

步骤 2 在生成的 4 张图片中，选择其中最合适的一张，这里选择第 3 张，单击 U3 按钮，如图 6-7 所示。

步骤 3 执行操作后，Midjourney 将在第 3 张图片的基础上进行更加精细的刻画，并放大图片效果，如图 6-8 所示。

图 6-7 单击 U3 按钮 　　　　　　　　图 6-8 放大图片效果

运用同样的方法可以生成牛排、意面和冰激凌甜点的图片，效果分别如图 6-9 ～图 6-11 所示。

图 6-9 牛排菜品图片效果

图 6-10　意面菜品图片效果

图 6-11　冰激凌甜点图片效果

⫸ 6.1.3　用剪映制作菜品宣传视频

扫码看教程

　　使用剪映的"模板"功能可以快速生成各种类型的视频效果，而且用户可以自行替换模板中的视频或图片素材，轻松地编辑和分享自己的美食视频作品。下面介绍使用剪映制作西餐厅新品宣传视频的操作方法。

　　步骤 1　启动剪映电脑版，在"首页"界面的左侧导航栏中，单击"模板"按钮，如图 6-12 所示。

图 6-12 单击"模板"按钮

> **专家提醒** 使用模板可以确保视频在视觉风格和餐厅形象上的统一性,增强餐厅的识别度和专业形象,从而顺利达到宣传的效果。

步骤 2 执行操作后,进入"模板"界面,在顶部的搜索框中输入"餐厅新品宣传",如图 6-13 所示。

图 6-13 输入相应搜索词

步骤 3 按【Enter】键确认，即可搜索到相关的视频模板，选择相应的模板，单击"使用模板"按钮，如图 6-14 所示。

图 6-14　单击"使用模板"按钮

步骤 4 执行操作后，即可下载该模板，并进入模板编辑界面，在"文本"操作区中修改相应的文本内容，在时间线窗口中单击第 1 个视频片段中的导入按钮➕，如图 6-15 所示。

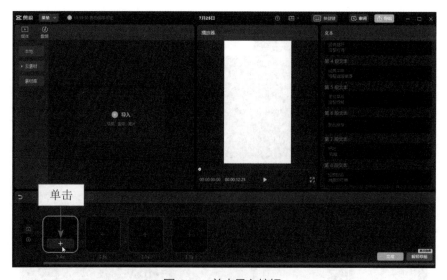

图 6-15　单击导入按钮

步骤 5 执行操作后，弹出"请选择媒体资源"对话框，选择相应的图片素材，如图 6-16 所示。

步骤 6 单击"打开"按钮，即可将该图片素材添加到视频片段中，同时导入到本地媒体资源库中，如图 6-17 所示。

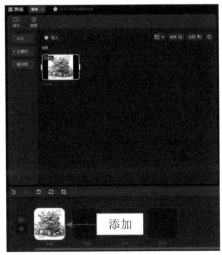

图 6-16　选择相应的图片素材　　　　　图 6-17　添加相应的素材文件

步骤 7 使用同样的操作方法，添加其他的图片素材，单击"完成"按钮，如图 6-18 所示，即可完成视频的制作。

图 6-18　单击"完成"按钮

步骤 8 在"播放器"窗口中，单击播放按钮▶，预览视频效果，如图 6-19 所示。

图 6-19　预览视频效果

6.2　2 个功能解锁 AI 视频的新玩法

　　用户还可以运用剪映的"图文成片"功能，输入文字和图片即可生成有美感的视频效果。同时，剪映的视频编辑功能和"图片玩法"功能也能将图片制作成美观、有趣的视频。本节将介绍运用剪映制作 AI 视频的其他玩法。

▶ 6.2.1　文字成片制作公益视频

　　剪映有强大的"文字成片"功能，用户只需输入相应的文案内容，即可利用 AI 技术给文案配图、配音和配乐，并且只需替换其中的内容即可快速生成自己的视频作品，这样大大减少了视频编辑的时间和工作量。

扫码看教程

　　下面介绍使用剪映制作保护北极熊公益视频的操作方法。

步骤 1 启动剪映电脑版，在"首页"界面中，单击"文字成片"按钮，如图 6-20 所示。

步骤 2 执行操作后，进入"文字成片"界面，输入视频文案，如图 6-21 所示。

步骤 3 选择"心灵鸡汤"音色，并单击"生成视频"按钮，在"生成视频"选项中选择"智能匹配素材"选项，如图 6-22 所示，让 AI 根据文字智能匹配视频素材和音色，形成视频雏形。

图 6-20　单击"文字成片"按钮

图 6-21　输入视频文案

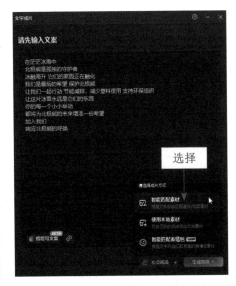

图 6-22　选择"智能匹配素材"选项

步骤 4　稍等片刻，剪映会自动调取素材生成视频的雏形，如图 6-23 所示。

专家提醒　用户可以对 AI 生成的视频进行修改，如替换素材、更改文字等。

图 6-23　生成视频的雏形

（步骤）5　将鼠标定位在第一个素材上右击，弹出选项框，选择"替换片段"

选项，如图 6-24 所示，将图文不太相符的素材替换掉。

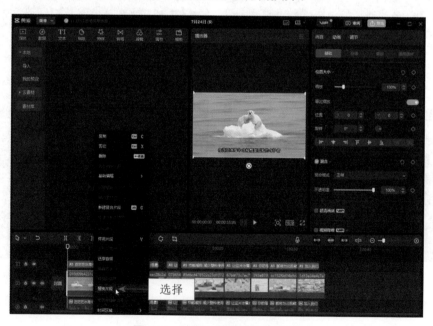

图 6-24　选择"替换片段"选项

（步骤）6　执行操作后，弹出"请选择媒体资源"对话框，选择相应的图片素

材，单击"打开"按钮，如图 6-25 所示。

步骤 7 进入"替换"对话框，单击"替换片段"按钮，即可将该图片素材替换到视频片段中，同时导入到本地媒体资源库中，如图 6-26 所示。用户运用这种方法可以将其他不合适的素材替换掉。

图 6-25 单击"打开"按钮　　　　　图 6-26 替换相应的素材文件

步骤 8 在"播放器"窗口中，单击播放按钮▶，预览视频效果，如图 6-27 所示。用户在确认视频无误后，便可以单击"导出"按钮，导出视频效果。

图 6-27 预览视频效果

即便文本内容相同，使用"文字成片"功能生成的视频也可能不一样，因此用户需要根据视频的实际情况进行调整和剪辑。

6.2.2　图片玩法制作变身视频

剪映 App 的"图片玩法"功能可以为图片添加不同的趣味玩法，如将真人变成漫画人物。下面介绍在剪映 App 中添加图片玩法制作变身视频的具体操作方法。

扫码看教程

步骤 1　启动剪映手机版，导入一张图片素材，❶选择素材；❷点击"复制"按钮，如图 6-28 所示，将图片素材复制一份。

步骤 2　返回一级工具栏，在视频起始位置依次点击"音频"按钮和"音乐"按钮，如图 6-29 所示。

步骤 3　执行操作后，选择"国风"选项，如图 6-30 所示，进入相应界面。

图 6-28　点击"复制"按钮　　图 6-29　点击"音乐"按钮　　图 6-30　选择"国风"选项

步骤 4　选择一个合适的音乐，点击所选音乐右侧的"使用"按钮，如图 6-31 所示，将音乐添加到音频轨道中。

步骤 5　执行操作后，在 00:04 的位置对音频进行分割，❶选择分割出的前半段素材；❷点击"删除"按钮，如图 6-32 所示，将音频前面空白的部分删除。

步骤 6　调整音频的位置和时长，如图 6-33 所示，让其对齐视频素材的时长。

步骤 7　点击第 1 段和第 2 段素材中间的 ❘ 按钮，弹出"转场"面板，在"光效"选项卡中选择"炫光"转场效果，如图 6-34 所示，为视频添加一个转场效果，让后面的人物变身更加顺畅。

图 6-31　点击"使用"按钮

图 6-32　点击"删除"按钮

图 6-33　调整音频的位置和时长

图 6-34　选择"炫光"转场效果

步骤 8　返回一级工具栏，拖曳时间轴至视频起始位置，依次点击"特效"按钮和"画面特效"按钮，如图 6-35 所示。

步骤 9　在"基础"选项卡中选择"变清晰"特效，如图 6-36 所示，为第 1 段素材添加特效。

图 6-35 点击"画面特效"按钮　　　图 6-36 选择"变清晰"特效

步骤 10 拖曳时间轴至第 2 段素材的位置，在特效工具栏中点击"图片玩法"按钮，如图 6-37 所示。

步骤 11 执行操作后，在"AI 绘画"选项卡中选择"春节"选项，如图 6-38 所示，即可为第 2 段素材添加相应的玩法，让人物进行变身。

图 6-37 点击"图片玩法"按钮　　　图 6-38 选择"春节"选项

步骤 12 点击播放按钮 ▶，预览视频效果，如图 6-39 所示。

图 6-39　预览视频效果

需要注意的是，使用剪映"图片玩法"功能中的"AI 绘画"特效，与使用 AI 工具绘画的原理类似，同一个指令或素材在不同时段输入，会自动生成不同的效果。因此，用户应重点学习制作 AI 视频的方法，并根据自己的需求进行后期调整。

 ## 本章 小结

本章主要介绍了运用剪映生成 AI 视频的方法，其中详细介绍了结合 ChatGPT 和 Midjourney 两种 AI 工具来制作视频的操作步骤，简要介绍了剪映的"文字成片"和"图片玩法"两种功能，拓宽大家应用 AI 绘画的思路。

 ## 课后 习题

鉴于本章知识的重要性，为了使读者更好地掌握所学知识，下面将通过课后习题帮助读者进行简单的知识回顾和补充。

1. 尝试运用剪映制作菜品宣传视频的方法，自主制作一个视频，不限主题。

2. 制作人物变身视频的关键功能是什么？

扫码看答案

案 例 篇

第 7 章

艺术设计：科技与艺术的完美结合

AI 绘画可以应用于艺术设计。风景画、人像画，水墨画、油画、漫画等艺术画作可以通过 AI 智能化生成，呈现出独特的视觉效果和审美追求，从而拓宽艺术设计领域的创作维度和带来更多的可能性。本章将介绍 AI 绘画生成 5 种艺术画作的详细步骤。

7.1 3个步骤生成风景画

风景画是一种以山川河流、花草树木等自然景观为主题的艺术形式，通过表达大自然之美和景之壮观，传达出人们对自然的敬畏和欣赏的态度，同时也能够给观众带来喜悦与震撼的感觉。本节将介绍 AI 生成风景画的操作方法。

7.1.1 编写风景画指令

扫码看教程

在生成风景画之前，我们可以使用 ChatGPT 来快速获得 AI 绘画的指令。下面介绍 ChatGPT 编写 AI 绘制风景画指令的操作方法。

步骤 1 在 ChatGPT 中输入指令，如"你现在是一位 AI 绘画师，请提供一些生成风景画的指令建议"，单击发送按钮 ▶，如图 7-1 所示。

你现在是一位AI绘画师，请提供一些生成风景画的指令建议　　　单击 ───▶ ▶

Free Research Preview. ChatGPT may produce inaccurate information about people, places, or facts. ChatGPT May 24 Version

图 7-1　单击发送按钮 ▶

步骤 2 稍等片刻，ChatGPT 会给出风景画的 AI 绘画指令建议，如图 7-2 所示。

当然！作为AI绘画师，我很乐意为您提供生成风景画的指令建议。以下是一些常见的指令，您可以根据需要进行调整：

1. 描述场景：首先，尽可能详细地描述您想要的风景场景。包括地点、季节、天气条件、光线等方面的描述。例如："我想要一个夏天的海滩景色，阳光明媚，波光粼粼，沙滩上有一些人在玩耍。"

2. 确定主题：确定画面中的主题，例如山脉、湖泊、森林、城市建筑等等。这将有助于我更好地理解您的意图，并生成更准确的画作。

3. 设置画面元素：指定画面中的特定元素，如树木、花卉、建筑物、动物等。您可以描述它们的位置、数量和外观特征。例如："在画面的右侧有一棵高大的橡树，树下有几朵盛开的红色玫瑰。"

4. 确定色彩和氛围：指定您期望的色彩调性和整体氛围。您可以选择明亮活泼的色彩，或者柔和、浪漫的色彩。也可以提供一些具体的颜色参考，例如："我想要画面中有一片橙色的晚霞，绿树和蓝天形成鲜明的对比。"

5. 风格选择：您可以选择特定的绘画风格，例如写实主义、印象派、抽象等。如果您没有特定偏好，我可以根据您的描述生成一种合适的风格。

6. 细节强调：如果您希望画作中某些元素受到特别关注，可以明确指出。例如："请在画面的前景中突出显示几个人物，他们正在海浪中嬉戏。"

7. 添加情感或故事：如果您希望画作传达一定的情感或讲述一个故事，可以提供相关的描述。例如："我希望画作能够传达宁静的感觉，让观者感受到大自然的美丽和宁静。"

请记住，这些指令建议将帮助我更好地理解您的要求，但生成的画作结果可能因模型的创造力和训练数据的限制而有所不同。我将尽力满足您的需求，希望您会喜欢生成的风景画！

图 7-2　ChatGPT 给出风景画的 AI 绘画指令建议

步骤 3 确定主题，让 ChatGPT 给出明确的 AI 绘画指令示例，如在同一个 ChatGPT 的输入框中输入"请整合上述建议，提供一个山景的 AI 绘画指令示例，要求专业的摄影写实风格，字数在 50 字以内"，ChatGPT 给出的 AI 绘画指令示例，如图 7-3 所示。

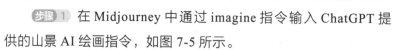

图 7-3　ChatGPT 给出的 AI 绘画指令示例

步骤 4 让 ChatGPT 为我们提供翻译帮助，如在其输入框中继续输入"请将这段山景的 AI 绘画指令示例翻译为英文"，ChatGPT 给出回复，如图 7-4 所示。

图 7-4　ChatGPT 提供翻译帮助

用户在获得 ChatGPT 的回复并确认 ChatGPT 的翻译无误后，即可将其复制粘贴至 Midjourney 中作为绘画指令使用。运用同样的提问方式，用户可以让 ChatGPT 生成山川、湖泊、大海、公园等不同的 AI 绘制风景画的指令。

▶ 7.1.2　生成风景画

我们在 ChatGPT 中生成了相应的绘画指令，接下来可以在 Midjourney 中绘制出我们需要的画作效果。下面介绍具体操作方法。

扫码看教程

步骤 1 在 Midjourney 中通过 imagine 指令输入 ChatGPT 提供的山景 AI 绘画指令，如图 7-5 所示。

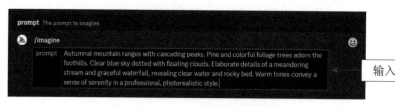

图 7-5　输入山景 AI 绘画指令

步骤 2 按【Enter】键确认，Midjourney 会生成 4 幅山景画作，如图 7-6 所示。

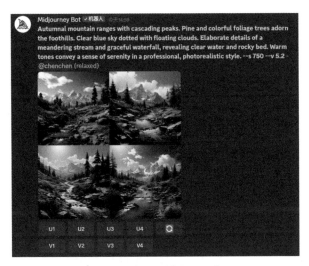

图 7-6　生成 4 幅山景画作

7.1.3　优化风景画细节

生成画作后，用户可以在原有的画作上进行修改优化，让 Midjourney 更高效地出图，生成更符合我们预期的画作。具体的操作方法如下。

扫码看教程

步骤 1 从生成的 4 幅画作中选择最合适的一幅，这里选择第 4 幅，单击 U4 按钮，如图 7-7 所示。

单击

图 7-7　单击 U4 按钮

步骤 2 执行操作后，Midjourney 将在第 4 幅画作的基础上进行更加精细的刻画，并放大画作效果，如图 7-8 所示。

步骤 3 如果用户仍然对画作不够满意，可以继续优化画作。单击生成的画作，在弹出的预览图中单击鼠标右键，在弹出的快捷菜单中选择"复制图片地址"选项，如图 7-9 所示，复制画作的链接。

图 7-8 放大画作效果（1）

图 7-9 选择"复制图片地址"选项

步骤 4 将链接粘贴到 imagine 指令后面，并输入新的指令"More realistic scenery --ar 3:2（风景更加写实）"，如图 7-10 所示，优化画作细节和更改尺寸。

图 7-10 粘贴链接并输入新的指令

> **专家提醒**
> 用户通过粘贴画作链接的方式让 Midjourney 重新生成画作，相当于为 Midjourney 提供了参考图，Midjourney 会在链接图的基础上绘制出新的画作。另外，在粘贴链接时加入新的指令，可以使 Midjourney 生成更有价值的画作。

步骤 5 执行操作后，按【Enter】键确认，即可根据指令重新生成画作。单击 V1 按钮，如图 7-11 所示，Midjourney 将以第 1 幅画作为模板，重新生成 4 幅画作。

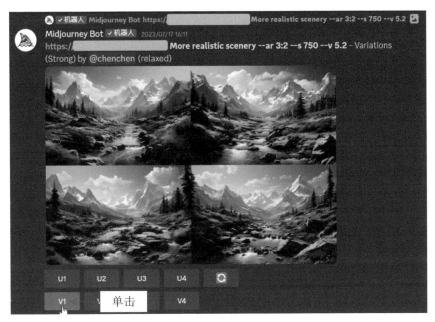

图 7-11 单击 V1 按钮

步骤 6 单击 U1 按钮，Midjourney 将在第 1 幅画作的基础上进行更加精细的刻画，并放大画作效果，如图 7-12 所示。可以看出，优化后的山景画在石头、山峰、树木等元素的绘制上更加写实了。

图 7-12 放大画作效果（2）

7.2 3个步骤生成人像画

无论是在摄影中还是在美术创作中，人像画都是占据重要地位的艺术形式，因此 AI 绘画必然少不了人像画。AI 可以生成各式各样的人像画，包括公园人像、街景人像、室内人像、棚拍人像等。本节将介绍 AI 生成人像画的操作方法。

▶▶ 7.2.1 编写人像画指令

与风景画的方法相同，用户可以运用 ChatGPT 生成绘制人像画的 AI 指令。下面介绍具体的提问方法。

扫码看教程

步骤 1 在 ChatGPT 中输入指令，如"你现在是一位 AI 绘画师，请提供一些生成人像画的指令建议"，单击发送按钮 ▶，如图 7-13 所示。

你现在是一位AI绘画师，请提供一些生成人像画的指令建议   单击 ——→

Free Research Preview. ChatGPT may produce inaccurate information about people, places, or facts. ChatGPT May 24 Version

图 7-13 单击发送按钮 ▶

步骤 2 稍等片刻，ChatGPT 会给出人像画的 AI 绘画指令建议，如图 7-14 所示。

作为AI绘画师，我可以为您提供一些生成人像画的指令建议。请注意，我无法直接生成图像，但可以提供一些描述和指导，以帮助您在绘画软件或平台上创建人像画。

1. 描述外貌特征：提供有关被描绘人物的外貌特征的详细描述。例如，肤色、发型、发色、眼睛的形状和颜色，以及其他特征如鼻子、嘴巴、耳朵等。这将为绘画提供一个起点。

2. 表达情感和姿态：描述被描绘人物的情感状态和姿态。您可以指定他们的表情、眉毛的形状、眼神、头部的角度以及身体的姿势。这将有助于传达所需的情感和动态。

3. 风格选择：指定您希望的绘画风格。您可以描述一些具体的艺术风格，如写实、卡通、素描、水彩或油画。或者，您可以提供一些参考图像或艺术家作品，以帮助说明所需的风格。

4. 背景和环境：说明被描绘人物所处的背景或环境。您可以描述具体的场景、室内或室外的环境，或者提供一些关键元素，以便将被描绘人物放置在适当的背景中。

5. 光照和阴影：描述光照和阴影的特征。您可以指定光源的位置和强度，以及它们对人物和环境的影响。这将有助于增强画面的深度和真实感。

6. 颜色调整：如果您有特定的色彩要求，请说明您希望使用的色调、色彩饱和度和亮度。您还可以指定某些颜色的偏好或避免使用的颜色。

7. 参考图像：如果您有特定的参考图像，请提供它们。这将使我能够更好地了解您的期望和样式偏好。

这些指令建议可以帮助您开始创建人像画。请确保在使用绘画软件或平台时熟悉其功能和工具，以便将这些指令转化为实际的绘画过程。祝您创作愉快！

图 7-14 ChatGPT 给出人像画的 AI 绘画指令建议

步骤 3 让 ChatGPT 给出明确的 AI 绘制人像画的指令示例，如在 ChatGPT 的输入框中继续输入"请提供一个坐在公园长椅上的中国女孩的 AI 绘画指令示例，要求写实风格，字数在 50 字以内"，ChatGPT 给出 AI 绘画指令示例，如图 7-15 所示。

> CH　请提供一个坐在公园长椅上的AI绘画指令示例，要求写实风格，字数在50字以内

> 绘画指令示例：绘制一个坐在公园长椅上的中国女孩。她身穿传统的汉服，面带微笑，手中拿着一本书。阳光透过树叶洒在她身上，投下柔和的阴影。请以写实风格展现她的优雅和宁静。

图 7-15　ChatGPT 给出 AI 绘画指令示例

步骤 4　让 ChatGPT 为我们提供翻译帮助，如在其输入框中继续输入"请将这段 AI 绘画指令示例翻译为英文"，ChatGPT 给出指令翻译，如图 7-16 所示。

> CH　请将这段AI绘画指令示例翻译为英文

> Translation:
>
> Drawing instruction example: Create a painting of a Chinese girl sitting on a park bench. She is dressed in traditional Hanfu, with a gentle smile on her face, holding a book in her hands. Sunlight filters through the leaves, casting soft shadows on her. Please depict her elegance and tranquility in a realistic style.

图 7-16　ChatGPT 提供翻译帮助

7.2.2　生成人像画

AI 生成人像画的第二步骤是将 ChatGPT 生成的英文绘画指令复制粘贴至 Midjourney 中，进行图像绘制，具体的操作方法如下。

扫码看教程

步骤 1　在 Midjourney 中通过 imagine 指令输入 ChatGPT 提供的 AI 绘制人像画的指令，如图 7-17 所示，提出绘制画作的要求。

prompt The prompt to imagine

/imagine

prompt Create a painting of a Chinese girl sitting on a park bench. She is dressed in traditional Hanfu, with a gentle smile on her face, holding a book in her hands. Sunlight filters through the leaves, casting soft shadows on her. Please depict her elegance and tranquility in a realistic style

输入

图 7-17　输入 AI 绘制人像画的指令

步骤 2　按【Enter】键确认，Midjourney 会生成 4 幅人像画作，如图 7-18 所示。可以看出 Midjourney 初次生成的人像容易带有一定的瑕疵。

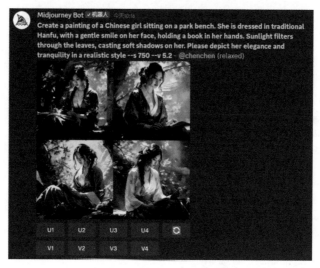

图 7-18 生成 4 幅人像画作

▐▶ 7.2.3 优化人像画细节

由于 Midjourney 正处于技术优化与发展中，因此生成的画作，尤其是人像，容易出现差错，可能偶尔增加或缺少某一器官。当碰到这类情况时，用户需要对画作进行细节优化，具体的优化方法如下。

扫码看教程

步骤 1 在生成的 4 幅画作中选择最合适的一幅，这里选择第 4 幅，单击 U4 按钮，如图 7-19 所示。

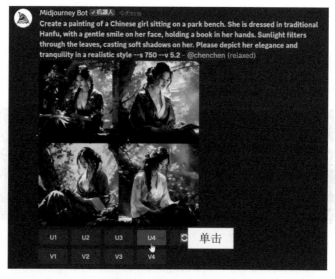

图 7-19 单击 U4 按钮

步骤 2 Midjourney 将在第 4 幅画作的基础上进行更加精细的刻画，并放大画作效果，如图 7-20 所示。用户在获得 Midjourney 绘制的人像画时，需要多留意人像的手部，若存在缺陷则可以输入同一个指令多次生成，以获得更加优质的画作。

图 7-20　放大画作效果

> **专家提醒**　　Midjourney 生成人像相比于生成其他事物存在瑕疵的概率会较大。因此，用户在获得人像画时通常都要进行优化，或单击 U1 ～ U4 按钮优化，或单击 V 1 ～ V 4 按钮优化，或单击重做按钮🔄让 Midjourney 重新生成 4 幅画作。另外，用户也可以将有瑕疵的人像画导入 Photoshop 等修图软件中进行后期处理。

7.3 3 个步骤生成水墨画

水墨画是中国传统绘画的主要形式，以水、墨绘制而成，带有文雅、层次分明的艺术特征。用户通过 AI 技术能够快速地生成水墨画，本节将介绍 AI 绘制水墨画的操作方法。

7.3.1　编写水墨画指令

AI 绘制水墨画的第一步骤同样可以通过 ChatGPT 生成水墨画相关的指令，具体的操作方法如下。

扫码看教程

第**7**章　艺术设计：科技与艺术的完美结合

步骤 1 在 ChatGPT 中输入指令，如"你现在是一位 AI 绘画师，请提供一些生成水墨画的指令建议"，ChatGPT 会给出水墨画的 AI 绘画指令建议，如图 7-21 所示。

CH 你现在是一位AI绘画师，请提供一些生成水墨画的指令建议

当然！作为一位AI绘画师，我可以为您提供生成水墨画的指令建议。以下是一些可以帮助您开始的指导：

1. **主题选择**：确定您想要描绘的主题，例如山水、花卉、动物等。明确主题有助于生成更具凝聚力和一致性的画作。
2. **笔触风格**：水墨画的特点之一是其独特的笔触风格。您可以选择传统的写意风格，或者更现代的抽象风格。请明确指定您想要的笔触风格，以便我更好地生成画作。
3. **色彩使用**：虽然水墨画通常是黑白灰调，但您可以指定一些颜色的使用，以便为画作增添一些细微的色彩。或者，您也可以选择仅使用单色进行绘制。
4. **绘画元素**：考虑您希望在画作中包含哪些元素，例如山脉、湖泊、花朵、树木等。具体描述这些元素的形状、位置和相互关系，以便我可以更好地描绘它们。
5. **绘画技法**：水墨画有许多独特的绘画技法，例如皴法、点染法、洒墨法等。您可以选择特定的技法，或者让我自由选择适合画作的技法。

请使用上述指令建议提供更具体的描述，以便我可以开始生成您的水墨画作品。

图 7-21 ChatGPT 给出水墨画的 AI 绘画指令建议（1）

步骤 2 让 ChatGPT 给出明确的 AI 绘画指令示例，如在同一个 ChatGPT 的输入框中输入"请整合上述建议，提供一幅梅花水墨画的 AI 绘画指令示例，要求写意、传神，字数在 50 字以内"，ChatGPT 给出 AI 绘画指令示例，如图 7-22 所示。

主题：梅花
笔触风格：传统写意
色彩使用：黑白灰调，轻微添加淡雅色彩
绘画元素：清晰描绘梅花枝干与花朵，凸显梅花的独特姿态和生命力
绘画技法：运用皴法表现梅花的纹理和细节
（请生成一幅传神梅花水墨画）

图 7-22 ChatGPT 给出水墨画的 AI 绘画指令建议（2）

步骤 3 让 ChatGPT 为我们提供翻译帮助，如在其输入框中继续输入"请将以下文字翻译为英文：请生成一幅传神梅花水墨画，黑白灰调，轻微添加淡雅色彩，清晰描绘梅花枝干与花朵，凸显梅花的独特姿态和生命力"，ChatGPT 给出英文翻译，如图 7-23 所示。

Please generate a remarkable ink painting of plum blossoms, using a black-and-white grayscale palette with subtle touches of delicate and elegant colors. Clearly depict the branches and flowers of the plum blossoms, emphasizing their unique posture and vitality. Provide clear details of the plum blossom branches and flowers to highlight their distinctive posture and vitality.

图 7-23 ChatGPT 给出英文翻译

7.3.2 生成水墨画

AI 生成水墨画的第二步骤是将 ChatGPT 生成的英文绘画指令复制粘贴至 Midjourney 中，进行图像绘制，具体的操作方法如下。

扫码看教程

步骤 1 在 Midjourney 中通过 imagine 指令输入 ChatGPT 提供的 AI 绘制水墨画的指令，如图 7-24 所示。

图 7-24　输入 AI 绘制水墨画的指令

步骤 2 按【Enter】键确认，Midjourney 会生成 4 幅水墨画作品，如图 7-25 所示。可以看出，Midjourney 生成的画作中分为两幅写实的和两幅写意的，写实的画作在文化特征上稍逊色一些。

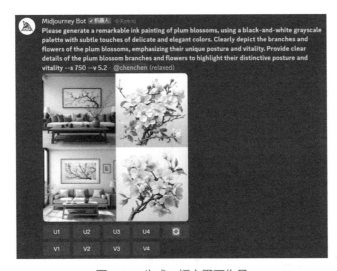

图 7-25　生成 4 幅水墨画作品

7.3.3 优化水墨画细节

当用户想要对 Midjourney 生成的水墨画进一步优化时，可以通过单击按钮，让 Midjourney 优化画作的细节或重新响应指令生成绘画作品。下面将介绍运用 Midjourney 优化画作细节的操作方法。

扫码看教程

步骤 1 在生成的 4 幅画作中选择最合适的一幅，这里选择第 4 幅，单击 U4 按钮，如图 7-26 所示。

步骤 2 Midjourney 将在第 4 幅画作的基础上进行更加精细的刻画，并放大画作效果，如图 7-27 所示。

图 7-26　单击 U4 按钮

图 7-27　放大画作效果

步骤 3 单击生成的画作，在弹出的预览图中单击鼠标右键，在弹出的快捷菜单中选择"复制图片地址"选项，如图 7-28 所示，复制画作的链接。

步骤 4 将链接粘贴到 imagine 指令后面，并输入新的指令"Ink style, more emphasis on freehand brushwork（水墨风格，更偏写意）"，Midjourney 会根据指令重新生成画作，如图 7-29 所示。

图 7-28　选择"复制图片地址"选项

图 7-29　重新生成画作

步骤 5 单击 U3 按钮，Midjourney 将在第 3 幅画作的基础上进行更加精细的刻画，并放大画作效果，如图7-30所示。可以看出，优化后的梅花更偏写意，带有意境感。

图7-30　放大画作效果

7.4 2 个步骤生成油画

油画是运用高饱和度的色彩来描绘人物、动物、植物等形态的艺术形式，分为再现客观的创造性作品和表现主观的创造性作品两大类。无论是哪类油画，都可以通过输入指令，让 AI 进行绘制，从而为油画创作提供新的机遇。本节将介绍 AI 绘制油画的操作方法。

7.4.1　编写油画指令

用户在编写油画的 AI 绘画指令时，同样可以运用 ChatGPT 生成指令建议，下面介绍具体的操作方法。

扫码看教程

步骤 1 在 ChatGPT 中输入指令，如"你现在是一位 AI 绘画师，请提供一些生成油画的指令建议"，ChatGPT 会给出油画的 AI 绘画指令建议，如图7-31所示。

当我是一位AI绘画师时，我可以提供一些生成油画的指令建议。请注意，由于我是基于文本的模型，无法直接进行图像处理或绘画。然而，我可以描述一些步骤和技巧，以帮助您在真实的绘画过程中创作油画作品。

1. 选择主题和构图：确定您希望绘制的主题，可以是风景、人物、静物等。考虑布局和构图要素，如主体的位置、比例和平衡。

图 7-31

2. 准备画布和材料：选择适合油画的画布和颜料。传统的油画使用帆布作为画布，而油画颜料则包括各种颜色的油彩。准备调色板、画笔、颜料刀等绘画工具。

3. 初步素描：使用铅笔或炭笔在画布上进行初步素描，勾勒出主要的轮廓和形状。这将成为您绘画的基础。

4. 色彩的选择和调配：根据您的主题和想要表达的情感，选择合适的颜色。使用调色板或画布旁边的调色板来调配颜色，以获得所需的阴影、光线和色调。

5. 底色的涂抹：在画布上涂抹一层底色，这将为后续的绘画提供一个基础。您可以选择一个整体的底色，也可以尝试在画布上建立一些渐变和纹理效果。

6. 逐层绘画：从画面的背景开始，逐渐将颜色和细节添加到画布上。使用画笔和颜料刀来创造不同的质感和效果。注意光线和阴影的变化，以及不同物体之间的层次感。

7. 打磨和修饰：在完成基本绘画后，仔细观察画面，对需要进行修正或调整的地方进行修改。可以使用刮刀、湿布或其他工具来增加或移除颜料，以达到所需的效果。

8. 干燥和保护：油画需要较长时间才能完全干燥。在作品干燥之前，确保将其放置在通风良好的地方，并避免暴露于阳光直射。完成后，您可以选择使用透明的保护涂层来保护您的作品。

这些是一般的步骤和技巧，供您参考。油画是一门艺术，需要不断的实践和探索才能掌握。希望这些指令建议能帮助您开始创作令人惊叹的油画作品！

图 7-31　ChatGPT 给出油画的 AI 绘画指令建议（1）

步骤 2 让 ChatGPT 给出明确的 AI 绘画指令示例，如在同一个 ChatGPT 的输入框中输入"请结合上述建议，提供一幅海上航行图的 AI 绘画指令示例，模仿梵高的绘画风格，字数在 50 字以内"，ChatGPT 给出 AI 绘画指令示例，如图 7-32 所示。

请结合上述建议，提供一幅海上航行图的AI绘画指令示例，模仿梵高的绘画风格，字数在50字以内

使用大画笔，在画布上绘制起伏的海浪。运用深蓝色和紫色调配出夜空，描绘星光点缀。用浓绿色勾勒远处的帆船，船身呈现红色和金色斑驳。用短粗笔勾勒出海鸥盘旋，梵高风格的海上航行呈现眩目色彩与浪漫氛围。

图 7-32　ChatGPT 给出油画的 AI 绘画指令建议（2）

步骤 3 让 ChatGPT 为我们提供翻译帮助，如在其输入框中继续输入"请将这段指令翻译为英文"，ChatGPT 给出英文翻译，如图 7-33 所示。

请将这段指令翻译为英文

Using a large brush, paint undulating waves on the canvas. Mix deep blues and purples to create a night sky with scattered starlight. Use thick green strokes to outline a distant sailing ship, adorned with patches of red and gold. Use short, bold strokes to depict seagulls soaring above. The Van Gogh-inspired seascape captures vibrant colors and a romantic atmosphere.

图 7-33　ChatGPT 给出英文翻译

7.4.2　生成油画

用户将 ChatGPT 给出的油画指令复制、粘贴至 Midjourney 中，便可以获得油画，具体的操作方法如下。

扫码看教程

步骤 1 在 Midjourney 中通过 imagine 指令输入 ChatGPT 提供的 AI 绘制油画的指令，如图 7-34 所示。

图 7-34　输入 AI 绘制油画的指令

步骤 2 按【Enter】键确认，Midjourney 会生成 4 幅油画作品。选择其中最合适的一幅，这里选择第 1 幅，单击 U1 按钮，如图 7-35 所示。

步骤 3 Midjourney 将在第 1 幅画作的基础上进行更加精细的刻画，并放大画作效果，如图 7-36 所示。

图 7-35　单击 U1 按钮

图 7-36　放大画作效果

7.5　2 个步骤生成漫画

漫画是绘画中一种独特的艺术形式。它只需用简单的线条、随意的笔触便可以勾勒出事物的形态，发挥着陈述故事、歌颂见闻、抒发情感、供人娱乐等作用。

漫画同样能够用 AI 技术智能化生成，如漫画的故事情节、人物、场景等都可以由 AI 创作。本节将介绍 AI 绘制漫画的操作方法。

7.5.1 编写漫画指令

用户在绘制漫画之前，可以运用 ChatGPT，让其提供 AI 绘画的指令参考，具体的操作方法如下。

扫码看教程

步骤 1 在 ChatGPT 中输入指令，如"你现在是一位 AI 绘画师，请提供一些生成漫画的指令建议"，ChatGPT 会给出漫画的 AI 绘画指令建议，如图 7-37 所示。可以看出，ChatGPT 直接给出了漫画指令示例，为用户提供有效的参考。

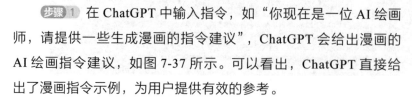

图 7-37　ChatGPT 给出漫画的 AI 绘画指令建议

步骤 2 选择其中一个漫画指令示例，让 ChatGPT 为我们提供翻译帮助，示例如图 7-38 所示。

图 7-38　ChatGPT 提供翻译帮助

7.5.2 生成漫画

用户将 ChatGPT 提供的指令输入到 Midjourney 中，便可以得到相对应的漫画。下面介绍具体的操作方法。

扫码看教程

步骤 1 在 Midjourney 中通过 imagine 指令输入 ChatGPT 提供的 AI 绘制漫画的指令，如图 7-39 所示。

图 7-39 输入 AI 绘制漫画的指令

步骤 2 按【Enter】键确认，Midjourney 会生成 4 幅漫画作品。选择其中最合适的一幅，这里选择第 2 幅，单击 U2 按钮，如图 7-40 所示。

步骤 3 Midjourney 将在第 2 幅画作的基础上进行更加精细的刻画，并放大画作效果，如图 7-41 所示。

图 7-40 单击 U2 按钮

图 7-41 放大画作效果

 本章 小结

本章主要介绍了 AI 绘制风景画、人像画，水墨画、油画和漫画的操作步骤，将 ChatGPT 和 Midjourney 的运用结合起来，共同致力于 AI 绘画的创作，让读者可以真正掌握 AI 绘制艺术风格画作的方法。

 课后 习题

鉴于本章知识的重要性，为了使读者更好地掌握所学知识，下面将通过课后习题帮助读者进行简单的知识回顾和补充。

1. 尝试仿照 Midjourney 生成风景画的指令，并加入 --ar 3:2 指令，让 Midjourney 生成一幅海景画，效果参考图 7-42 所示。

图 7-42　Midjourney 生成的海景画

2. 尝试仿照 Midjourney 生成漫画的指令，并加入 --ar 3:2 指令，让 Midjourney 生成一幅有特色的漫画。

扫码看答案

扫码看教程

08

第8章

游戏设计：让游戏画面更生动绚丽

在游戏开发的过程中，AI 绘画可以帮助生成游戏场景、角色原画、物品道具、3D 美术设计等，从而提高了游戏开发人员的工作效率并提供了更多的创作灵感。本章将介绍 AI 绘画助力游戏设计的操作方法。

8.1 2 个步骤生成游戏场景

游戏场景是指游戏中的环境，包括树木、建筑、天空、道路等元素。游戏场景是环境中不可缺少的部分，能够提升游戏体验感，增添玩游戏的乐趣。用户通过运用 ChatGPT、Midjourney 等 AI 工具可以实现游戏场景的快速创建。本节将介绍 AI 生成游戏场景的详细步骤。

8.1.1 编写游戏场景图指令

用户不知道如何描述 AI 绘画指令或者对 AI 绘画指令没有头绪时，可以寻求 ChatGPT 的帮助，让其充当 AI 绘画师提供绘画指令建议，具体的操作方法如下。

扫码看教程

步骤 1 在 ChatGPT 中输入指令，如"你现在是一位 AI 绘画师，请提供一些生成游戏场景的指令建议"，单击发送按钮 ▶，如图 8-1 所示。

你现在是一位AI绘画师，请提供一些生成游戏场景的指令建议　　单击 ──▶ ▶

Free Research Preview. ChatGPT may produce inaccurate information about people, places, or facts. ChatGPT May 24 Version

图 8-1 单击发送按钮 ▶

步骤 2 稍等片刻，ChatGPT 会给出游戏场景的 AI 绘画指令建议，如图 8-2 所示（图中的 holographic 是指全息图；levitation 是指悬浮）。

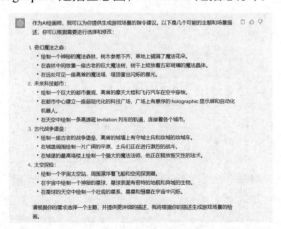

图 8-2 ChatGPT 给出游戏场景的 AI 绘画指令建议

步骤 3 根据 ChatGPT 给出的游戏场景主题，输入更加详细的需求描述，如"请整合'奇幻魔法之森'的场景描述，增加绘画细节，并控制字数在 50 字以内"，ChatGPT 会给出有效的 AI 绘画指令，如图 8-3 所示。

> CH　请整合"奇幻魔法之森"的场景描述，增加绘画细节，并控制字数在50字以内

> 在奇幻魔法之森，参差不齐的树木聚集成茂密的树林，阳光透过树叶洒下斑斓的光影。魔法花朵绽放在翠绿的草地上，释放出迷人的香气。巨大的魔法树伫立于森林中央，树干上闪烁着宝石般的魔力。在远处，一座高塔巍然屹立，顶端散出神秘的星光。

图 8-3　ChatGPT 给出有效的 AI 绘画指令

步骤 4 让 ChatGPT 为我们提供翻译帮助，如在其输入框中继续输入"请将这段场景描述的 AI 绘画指令翻译为英文"，ChatGPT 给出回复，如图 8-4 所示。

> CH　请将这段场景描述的AI绘画指令翻译为英文

> In the enchanted forest of magic, uneven trees gather into a dense woodland, with sunlight casting colorful beams through the leaves. Magical flowers bloom on the lush green grass, releasing a captivating fragrance. A massive magic tree stands in the center of the forest, its trunk shimmering with gem-like enchantment. In the distance, a towering tower stands tall, emitting a mysterious starlight.

图 8-4　ChatGPT 提供翻译帮助

用户在获得 ChatGPT 的回复并确认 ChatGPT 的翻译无误后，即可将其复制粘贴至 Midjourney 中作为绘画指令使用。当然，如果用户有关于游戏场景的想象，也可以提供给 ChatGPT，让 ChatGPT 整合为 AI 绘画指令。

8.1.2　生成游戏场景图

获得了有效的 AI 绘画指令，用户便可以正式进入 AI 绘制游戏场景了。下面将介绍运用 Midjourney 绘制游戏场景的操作方法。

扫码看教程

步骤 1 在 Midjourney 中通过 imagine 指令输入 ChatGPT 提供的游戏场景 AI 绘画指令，如图 8-5 所示。

输入

图 8-5　输入 AI 绘画指令

步骤 2 按【Enter】键确认，Midjourney 会生成 4 张游戏场景图。选择其中最合适的一张，这里选择第 1 张，单击 U1 按钮，如图 8-6 所示。

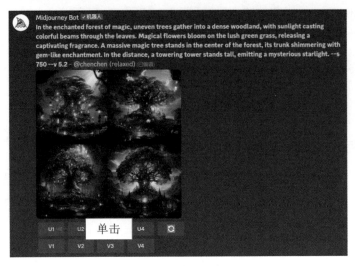

图 8-6　单击 U1 按钮

步骤 3 Midjourney 将在第 1 张图片的基础上进行更加精细的刻画，并放大图片效果，如图 8-7 所示。

步骤 4 用同样的方法，Midjourney 在第 4 张图片的基础上进行更加精细的刻画，并放大图片效果，如图 8-8 所示。

图 8-7　放大第 1 张图片效果

图 8-8　放大第 4 张图片效果

8.2 2 个步骤生成角色原画

这里的角色原画是指在游戏策划中对游戏角色进行设计，包括角色属性、配饰、服装等。一般情况下，角色原画的设计人员需要熟练掌握 PS 软件、计算机绘图语言、色彩原理、光影知识等，而运用 AI 绘画工具可以快速生成角色原画，这降低了设计人员的工作难度。本节将介绍 AI 生成角色原画的详细步骤。

8.2.1　编写角色原画指令

用户在没有任何绘画灵感时，可以运用 ChatGPT 获得绘制角色原画的指令。下面将介绍让 ChatGPT 提供 AI 绘制角色原画的指令的操作方法。

扫码看教程

步骤 1 在 ChatGPT 中输入指令，如"你现在是一位 AI 绘画师，请提供一些生成角色原画的指令建议"，单击发送按钮▶，如图 8-9 所示。

| 你现在是一位AI绘画师，请提供一些生成角色原画的指令建议 | 单击 ➡ ▶ |

Free Research Preview. ChatGPT may produce inaccurate information about people, places, or facts. ChatGPT May 24 Version

图 8-9　单击发送按钮▶

步骤 2 稍等片刻，ChatGPT 会给出 AI 绘画指令建议，如图 8-10 所示。

作为AI绘画师，我可以为您提供一些生成角色原画的指令建议。请记住，由于我无法直接绘画，以下建议将是文字描述，您可以根据它们的描述来创作您自己的角色原画。

1. 角色外貌：
   - 描述角色的外貌特征，如年龄、性别、身高、体型和肤色。
   - 角色的发型、发色和发型特征。
   - 描述角色的面部特征，如眼睛的形状、颜色、眉毛、鼻子和嘴巴等。
   - 角色的服装风格和装饰品，例如衣服的颜色、纹理、设计和配件等。
2. 角色性格与特点：
   - 描述角色的性格特点，如勇敢、乐观、神秘或善良等。
   - 角色的动作和姿势，表达出他们的个性和特点。
   - 角色的表情和眼神，展现他们的情感状态和内心世界。
3. 角色背景与故事：
   - 提供角色的背景故事、起源和目标。
   - 描述角色的职业、技能或超能力。
   - 角色所处的环境或场景，如未来城市、奇幻森林和科幻世界等。
4. 着重点与风格：
   - 指明您希望突出的角色特征或细节。
   - 您期望的绘画风格，如写实、卡通、漫画或水彩等。

请根据以上指令建议提供更具体的描述，我将尽力生成适合您的角色原画。

图 8-10　ChatGPT 给出 AI 绘画指令建议

步骤 3 让 ChatGPT 给出具体的 AI 绘画指令示例，如在同一个 ChatGPT 的输入框中输入"请整合上述建议，提供一个角色原画的 AI 绘画指令示例，字数在 50 字以内"，ChatGPT 给出 AI 绘画指令示例，如图 8-11 所示。

步骤 4 让 ChatGPT 为我们提供翻译帮助，如在其输入框中继续输入"请将这段 AI 绘画指令翻译为英文"，ChatGPT 给出回复，如图 8-12 所示。

CH 请整合上述建议，提供一个角色原画的AI绘画指令示例，字数在50字以内

为一位年轻、勇敢的女性角色绘制原画。她有肩长的蓝色卷发，绿色明亮的眼睛，细长的眉毛。身穿黑色战斗服，配有银色装饰品。她自信而坚毅，手持一把闪亮的剑，背景是荒凉但壮丽的废墟。请以写实风格创作。

图 8-11　ChatGPT 给出 AI 绘画指令示例

CH 请将这段AI绘画指令翻译为英文

Create an original artwork for a young, brave female character. She has shoulder-length blue curly hair, bright green eyes, and slender eyebrows. She wears a black combat suit with silver accents. She exudes confidence and determination, wielding a shining sword, with a backdrop of a desolate yet magnificent ruin. Please create it in a realistic style.

图 8-12　ChatGPT 提供翻译帮助

8.2.2　生成角色原画

获得了有效的 AI 绘画指令之后，用户便可以将 ChatGPT 生成的英文绘画指令复制粘贴至 Midjourney 中，等待生成角色原画。下面将介绍运用 Midjourney 绘制角色原画的操作方法。

扫码看教程

步骤 1 在 Midjourney 中通过 imagine 指令输入 ChatGPT 提供的角色原画 AI 绘画指令，并添加 --ar 3:2 指令，如图 8-13 所示，提出绘制图片的要求。

prompt The prompt to imagine

/imagine

prompt Create an original artwork for a young, brave female character. She has shoulder-length blue curly hair, bright green eyes, and slender eyebrows. She wears a black combat suit with silver accents. She exudes confidence and determination, wielding a shining sword, with a backdrop of a desolate yet magnificent ruin. Please create it in a realistic style --ar 3:2

输入

图 8-13　输入 AI 绘画指令

步骤 2 按【Enter】键确认，Midjourney 会生成 4 张角色原画图，如图 8-14 所示。

步骤 3 单击 V2 按钮，并提交相应的表单，可以让 Midjourney 在第 2 张图的基础上重新生成 4 张图片，如图 8-15 所示。

步骤 4 单击 U1 按钮，Midjourney 将在第 1 张图片的基础上进行更加精细的刻画，并放大图片效果，如图 8-16 所示。

图 8-14　Midjourney 生成 4 张角色原画图　　　图 8-15　Midjourney 重新生成 4 张图片

图 8-16　放大图片效果

8.3　2 个步骤生成物品道具

物品道具是指在游戏中用于辅助游戏通关的器具，包括游戏角色的武器和游戏场景中的物品。物品道具是游戏开发中必不可少的元素。用户运用 AI 工具可以快速地设计出物品道具，从而帮助游戏开发人员缩短工作周期。本节将介

8.3.1　编写物品道具图指令

用户可以将自己想要设计的物品道具描述为 AI 绘画指令，再将 AI 绘画指令输入至 Midjourney 中，便可以获得相应的物品道具图片。用户没有任何关于物品道具的灵感时，可以运用 ChatGPT 获得绘画指令参考。下面将介绍让 ChatGPT 提供 AI 绘制物品道具的指令的操作方法。

扫码看教程

步骤 1　在 ChatGPT 中输入指令，如"你现在是一位 AI 绘画师，请提供一些生成游戏中的物品道具的指令建议"，单击发送按钮 ▶ ，如图 8-17 所示。

你现在是一位AI绘画师，请提供一些生成游戏中的物品道具的指令建议　　　单击　——→ ▶

Free Research Preview. ChatGPT may produce inaccurate information about people, places, or facts. ChatGPT May 24 Version

图 8-17　单击发送按钮 ▶

步骤 2　稍等片刻，ChatGPT 会给出物品道具的 AI 绘画指令建议，如图 8-18 所示。可以看出，ChatGPT 给出了比较具体的物品道具的绘画指令示例。

作为AI绘画师，我可以为你提供一些生成游戏中物品道具的指令建议。请注意，由于我无法直接执行指令，因此这些建议仅供参考，需要你自己实现它们。

1. **生成剑的指令**：
   - 描述：生成一把有力的剑，带有装饰性的细节。
   - 指令建议：创建一把长剑，带有锋利的刀刃和华丽的镶嵌。确保剑柄舒适易握，并在剑的鞘子上加上个性化的纹饰。

2. **生成魔法法杖的指令**：
   - 描述：生成一根魔法法杖，具有神秘和强大的能力。
   - 指令建议：设计一根法杖，杖身由宝石和魔法符文构成。法杖顶部可以有一个闪烁的水晶或者发光的宝珠，以展示其魔力的属性。

3. **生成盾牌的指令**：
   - 描述：生成一个坚固的盾牌，用于抵挡敌人的攻击。
   - 指令建议：绘制一个圆形或方形的盾牌，表面覆盖着金属质感。在盾牌上添加一些纹饰，使其看起来更加坚固和防御性。

4. **生成药水瓶的指令**：
   - 描述：生成一个含有魔法药水的小瓶子，用于恢复生命或提供其他特殊效果。
   - 指令建议：设计一个小瓶子，可以是玻璃瓶或者有颜色的药水瓶。给瓶子添加一个标签或标志，以表示药水的属性，例如恢复生命、增加力量或提供临时抵抗能力。

5. **生成宝箱的指令**：
   - 描述：生成一个神秘的宝箱，内含珍贵的物品或丰厚的奖励。
   - 指令建议：绘制一个饰有黄金、银或其他宝石的宝箱。确保宝箱看起来堅固且难以打开，可能有锁或陷阱。通过细节和纹饰增加宝箱的神秘感。

图 8-18　ChatGPT 给出物品道具的 AI 绘画指令建议

步骤 3　选择其中一个物品道具的指令，让 ChatGPT 翻译成英文，如在同一个 ChatGPT 的输入框中输入"请将'生成魔法法杖的指令'翻译为英文"，ChatGPT 会提供翻译帮助，如图 8-19 所示。

CH 请将"生成魔法法杖的指令"翻译为英文

Here is the translation of "生成魔法法杖的指令" into English:

Command for generating a magic wand:

* Description: Generate a magical wand with mystical and powerful abilities.
* Command suggestion: Create a wand with a shaft made of gemstones and magical runes.
  The top of the wand can have a shimmering crystal or a glowing gem to showcase its
  magical properties.

图 8-19　ChatGPT 提供翻译帮助

根据 ChatGPT 的指令建议，我们可以得到生成魔法法杖的指令为：Create
a wand with a shaft made of gemstones and magical runes. The top of the wand can
have a shimmering crystal or a glowing gem to showcase its magical properties。将
这个指令输入至 Midjourney 中便可以得到物品道具的设计图片。

8.3.2　生成物品道具图

我们可以将 ChatGPT 生成的英文指令输入至 Midjourney 中，
获得魔法法杖的设计图片，具体的操作方法如下。

步骤 1 在 Midjourney 中通过 imagine 指令输入 ChatGPT 提
供的物品道具 AI 绘画指令，并添加 --ar 3:2 指令，如图 8-20 所示，提出绘制图
片的要求。

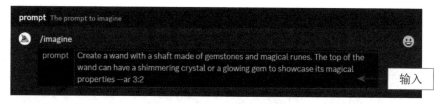

图 8-20　输入 AI 绘画指令

步骤 2 按【Enter】键确认，Midjourney 会生成 4 张物品道具图，如图 8-21
所示。

步骤 3 单击重做按钮🔄，并提交相应的表单，可以让 Midjourney 重新生成
4 张图片，如图 8-22 所示。

步骤 4 单击 U2 按钮，Midjourney 将在第 2 张图片的基础上进行更加精细
的刻画，并放大图片效果，如图 8-23 所示。

图 8-21　Midjourney 生成 4 张物品道具图　　　图 8-22　Midjourney 重新生成 4 张图片

图 8-23　放大图片效果

8.4　2 个步骤设计用户界面

AI 绘画可以为游戏的用户界面设计提供帮助，例如它可以进行按钮、图标、背景等界面元素的概念设计，帮助设计师快速探索不同的界面布局和风格。本节将介绍 AI 设计用户界面的详细步骤。

8.4.1 编写游戏用户界面图指令

在 ChatGPT 的帮助下，用户可以获得让 AI 设计游戏用户界面的指令，具体的操作方法如下。

扫码看教程

步骤 1 在 ChatGPT 中输入指令，如"你现在是一位 AI 绘画师，请提供一些生成游戏用户界面的指令建议"，单击发送按钮 ▶，如图 8-24 所示。

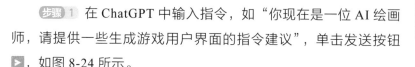

你现在是一位AI绘画师，请提供一些生成游戏用户界面的指令建议　　　　单击 ——→ ▶

Free Research Preview. ChatGPT may produce inaccurate information about people, places, or facts. ChatGPT May 24 Version

图 8-24　单击发送按钮 ▶

步骤 2 稍等片刻，ChatGPT 会给出游戏用户界面的 AI 绘画指令建议，如图 8-25 所示。

作为AI绘画师，我可以为你提供一些生成游戏用户界面设计的指令建议。请记住，我是一个文本模型，无法直接进行绘画，但我可以提供创意和设计建议。你可以将以下建议用作灵感，然后使用绘图软件或与设计师合作来实际创建界面。

1. 游戏标志和标题：创建一个独特而吸引人的游戏标志和标题，以吸引玩家的注意力并传达游戏的风格和主题。
2. 导航菜单：设计一个易于使用和直观的导航菜单，让玩家可以轻松访问游戏的各个部分，如开始游戏、选项、成就等。
3. 游戏主界面：设计一个引人注目的主界面，展示游戏的关键信息，如角色状态、地图、任务列表等。考虑使用动态元素或背景来增加视觉吸引力。
4. 游戏菜单和设置：创建一个清晰的游戏菜单和设置界面，让玩家可以自定义游戏设置，如音量、画面质量、语言等。
5. 游戏对话框和提示：设计适合游戏风格的对话框和提示框，用于显示任务目标、角色对话、物品描述等重要信息。考虑使用合适的字体和颜色来增强可读性。
6. 游戏进度和成就追踪：创建一个界面元素，让玩家能够跟踪他们的游戏进度和解锁的成就。可以使用进度条、徽章或其他视觉元素来表示玩家的成就和进度。
7. 物品和装备界面：设计一个易于管理和交互的物品和装备界面，使玩家能够查看、选择和使用他们所拥有的物品和装备。
8. 控制和操作界面：为游戏提供一个直观且易于操作的控制界面，如虚拟按钮、手势控制或键盘快捷键。确保控制界面不会遮挡重要的游戏内容。
9. 地图和导航界面：设计一个交互式的地图和导航界面，使玩家可以浏览游戏世界、标记位置、查找任务目标等。
10. 游戏结束和评价界面：创建一个吸引人的游戏结束界面，展示玩家的得分、成就和奖励。考虑添加玩家评价的机制，以了解他们的反馈。

这些是一些指令建议，可供你开始设计游戏用户界面。记住要根据你的游戏类型和目标受众的喜好来调整设计。祝你设计出令人惊艳的游戏用户界面！

图 8-25　ChatGPT 给出游戏用户界面的 AI 绘画指令建议

步骤 3 根据 ChatGPT 给出的指令建议，输入更加详细的需求描述，如"请整合上述建议，为一款主题为奇幻的游戏用户界面提供 AI 绘画指令示例，字数在 50 字以内"，ChatGPT 会给出有效的 AI 绘画指令，如图 8-26 所示。

步骤 4 选择其中一个指令，让 ChatGPT 为我们提供翻译帮助，如在其输入框中继续输入"请将'绘制一个华丽的主界面，展示角色状态、地图和任务列表，背景可使用梦幻的奇幻场景'这段 AI 绘画指令翻译为英文"，ChatGPT 会给出英文翻译，如图 8-27 所示。

CH 请整合上述建议，为一款主题为奇幻的游戏用户界面提供AI绘画指令示例，字数在50字以内

1. 设计一个神秘而精美的游戏标志，结合奇幻元素和字体。
2. 创造一个魔法书形状的导航菜单，以展示开始游戏、选项、成就等。
3. 绘制一个华丽的主界面，展示角色状态、地图和任务列表，背景可使用梦幻的奇幻场景。
4. 设计一个古老的卷轴样式的游戏菜单和设置界面，带有华丽的边框和纹理。
5. 创作华丽的对话框和提示框，使用炫目的颜色和优雅的字体，以显示重要的游戏信息。
6. 绘制一个神秘的魔法水晶球，用于追踪游戏进度和成就，搭配闪烁的光芒和徽章。
7. 设计一个装饰华丽的物品和装备界面，使用华丽的图标和详细的物品描述。
8. 创建一个悬浮在游戏界面上的透明控制和操作界面，以便玩家能够方便地控制角色。
9. 绘制一个古老地图卷轴，上面标记着奇幻世界的各个地点，玩家可以使用它进行导航。
10. 设计一个神奇的水晶球形状的游戏结束和评价界面，搭配光芒和星星，展示玩家的得分和奖励。

以上是50字以内的AI绘画指令示例，可用于奇幻主题的游戏用户界面设计。祝您的游戏界面设计成功！

图 8-26 ChatGPT 给出有效的 AI 绘画指令

CH 请将"绘制一个华丽的主界面，展示角色状态、地图和任务列表，背景可使用梦幻的奇幻场景"这段AI绘画指令翻译为英文

Create a magnificent main interface showcasing character status, map, and quest list, with a background depicting a dreamy and fantastical scene.

图 8-27 ChatGPT 给出英文翻译

8.4.2 生成游戏用户界面图

我们让 AI 设计游戏用户界面的第二步骤是将 ChatGPT 生成的英文指令输入至 Midjourney 中，从而获得可以参考的设计图。下面介绍具体的操作方法。

扫码看教程

步骤 1 在 Midjourney 中通过 imagine 指令输入 ChatGPT 提供的 AI 绘画指令，并添加 --ar 16:9 指令，如图 8-28 所示，提出绘制图片的要求。

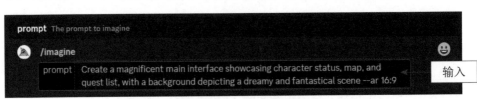

prompt The prompt to imagine

/imagine

prompt Create a magnificent main interface showcasing character status, map, and quest list, with a background depicting a dreamy and fantastical scene --ar 16:9

输入

图 8-28 输入 AI 绘画指令

步骤 2 按【Enter】键确认，Midjourney 会生成 4 张游戏用户界面图，如图 8-29 所示。可以看出，Midjourney 按照指令要求给出了 4 张游戏主界面图参考。

步骤 3 单击 V4 按钮，并提交相应的表单，可以让 Midjourney 在第 4 张图的基础上重新生成 4 张图片，如图 8-30 所示。单击 U3 按钮，Midjourney 将在第 3 张图片的基础上进行更加精细的刻画，并放大图片效果。

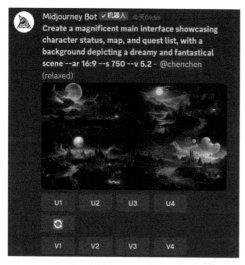

图 8-29　Midjourney 生成 4 张游戏界面图　　图 8-30　Midjourney 重新生成 4 张图片

用户在获得第 3 张效果图之后，可以将其作为游戏用户界面中介绍游戏场景的底图展示，稍作后期加工便可以应用，示例效果如图 8-31 所示。

图 8-31　经过加工的图片示例效果

AI 绘画在游戏领域的应用除了上文介绍的生成游戏场景、角色原画、物品道具、用户界面，还可以生成游戏中的纹理，从而减轻艺术家的工作负担，并加速纹理创建的过程。

本章小结

本章主要介绍了 AI 绘画在游戏领域的应用，包括生成游戏场景、角色原画、物品道具和用户界面，综合运用了 ChatGPT 和 Midjourney 两种 AI 工具，帮助大家更加熟练地掌握 AI 绘画。

课后习题

鉴于本章知识的重要性，为了使读者更好地掌握所学知识，下面将通过课后习题帮助读者进行简单的知识回顾和补充。

1. 尝试运用 Midjourney 生成一张角色原画，效果参考图 8-32 所示。
2. 尝试运用 Midjourney 生成一张物品道具图，效果参考图 8-33 所示。

图 8-32　Midjourney 生成的角色原画　　图 8-33　Midjourney 生成的物品道具图

扫码看答案

扫码看教程

第 9 章

电商设计：用 AI 提升品牌竞争力

AI 技术可以在电商广告中发挥重要作用，例如店铺 Logo、产品主图、模特展示图、产品详情页、宣传海报图等都可以运用 AI 技术进行设计，以提高工作效率和产品的成交率。本章将举例介绍使用 AI 技术进行电商设计的操作方法。

9.1 2 个步骤设计店铺 Logo

Logo 是店铺形象的重要组成部分，一个好的 Logo 能够吸引消费者的注意力，提升店铺的形象和知名度。本节将介绍使用 AI 设计店铺 Logo 的详细步骤。

9.1.1 编写店铺 Logo 指令

用户运用 AI 工具设计店铺 Logo 的第一步骤是编写绘画指令。绘画指令通常是用户对店铺 Logo 的诉求，如体现店铺所售产品信息、比较简约、较为独特等。用户将对店铺 Logo 的设计要求汇总并翻译为英文，便可以通过 AI 绘画工具进行设计。

扫码看教程

用户没有设计店铺 Logo 的灵感时，可以向 ChatGPT 寻求帮助，具体的操作方法如下。

步骤 ① 在 ChatGPT 中输入指令，如"你现在是一位 AI 绘画师，请提供一些生成店铺 Logo 的指令建议"，单击发送按钮 ▶，如图 9-1 所示。

图 9-1 单击发送按钮 ▶

步骤 ② 稍等片刻，ChatGPT 会给出店铺 Logo 的 AI 绘画指令建议，如图 9-2 所示。

作为AI绘画师，我可以为你提供一些建议来生成店铺Logo。以下是一些指令建议：

1. 描述你的店铺：提供关于你的店铺的信息，包括行业、产品或服务、品牌价值观等。例如："我开设一家时尚女装店，注重优质材料和独特设计。"

2. 指定颜色方案：告诉我你希望使用的颜色或颜色方案。颜色可以传达品牌的情感和特点。例如："我希望使用粉色和灰色，以展示女性化和时尚感。"

3. 提供品牌名称或字母缩写：如果你有特定的品牌名称或字母缩写，可以告诉我，以便在Logo中进行融合或突出显示。例如："品牌名称是'Bella Chic'，我希望字母'B'和'C'可以突出显示。"

4. 提供图标或图形参考：如果你有任何具体的图标或图形想法，可以提供参考图片或描述，以便我能够将其融入Logo设计中。例如："我想在Logo中包含一朵玫瑰花，象征优雅和美丽。"

5. 风格偏好：告诉我你对于Logo的风格偏好，例如简约、传统、现代、抽象等。这将有助于我更好地满足你的期望。例如："我喜欢简约而现代的设计风格，展现出专业和时尚的感觉。"

请记住，这些只是指令建议，我会尽力根据你的要求生成一个独特而令人满意的店铺Logo。如果你有其他特定的要求或想法，也请随时告诉我。

图 9-2 ChatGPT 给出店铺 Logo 的 AI 绘画指令建议

步骤 3 提供相应的需求描述，让 ChatGPT 给出具体的 AI 绘画指令，如在同一个 ChatGPT 的输入框中输入"我需要一个女装的店铺 Logo，以蓝色和白色为主，简约风格，请你提供一个 AI 绘画指令示例，字数在 50 字以内"，ChatGPT 给出 AI 绘画指令示例，如图 9-3 所示。

> CH 我需要一个女装的店铺Logo，以蓝色和白色为主，简约风格，请你提供一个AI绘画指令示例，字数在50字以内
>
> 使用蓝色和白色，简约风格。以优雅的字体书写店名"Blue Lily"，字母"B"和"L"相连，形成连贯的线条。在字母下方绘制一个抽象的白色花瓣，象征优美和女性魅力。

图 9-3　ChatGPT 给出 AI 绘画指令示例

步骤 4 让 ChatGPT 为我们提供翻译帮助，如在其输入框中继续输入"请将这段 AI 绘画指令翻译为英文"，ChatGPT 给出英文翻译，如图 9-4 所示。

> CH 请将这段AI绘画指令翻译为英文
>
> Using blue and white colors, minimalist style. Write the store name "Blue Lily" in an elegant font, with the letters "B" and "L" connected, forming a cohesive line. Draw an abstract white petal below the letters, symbolizing beauty and feminine charm.

图 9-4　ChatGPT 给出英文翻译

9.1.2　生成店铺 Logo

用户在获得 ChatGPT 的回复并确认 ChatGPT 的翻译无误后，即可将其复制粘贴至 Midjourney 中作为绘画指令使用。下面介绍 Midjourney 设计店铺 Logo 的具体操作方法。

扫码看教程

步骤 1 在 Midjourney 中通过 imagine 指令输入 ChatGPT 提供的 AI 绘画指令，如图 9-5 所示。

输入

图 9-5　输入 AI 绘画指令

步骤 2 按【Enter】键确认，Midjourney 会生成 4 张店铺 Logo 设计图。选择其中最合适的一张，这里选择第 1 张，单击 V1 按钮，如图 9-6 所示。

图 9-6　单击 V1 按钮

步骤 3 提交相应的表单，Midjourney 将在第 1 张图片的基础上重新生成 4 张图片，如图 9-7 所示。

步骤 4 单击 U1 按钮，Midjourney 将在第 1 张图片的基础上进行更加精细的刻画，并放大图片效果，如图 9-8 所示。

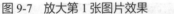

图 9-7　放大第 1 张图片效果　　　　　　图 9-8　放大第 1 张图片效果

专家
提醒

　　Midjourney 生成的字母是非常不规范的，有时甚至是不可用的，用户可以在后期选定相应的图片后，使用 Photoshop 进行修改。另外，使用 Midjourney 设计电商广告时，效果图的随机性很强，用户需要通过不断地修改指令和"刷图"（即反复生成图片）来达到自己想要的效果。

9.2 2个步骤设计产品主图

产品主图是指在电商平台或线下店铺中展示的产品首图，主要起到引流和提升转化率的作用。产品主图可以直接影响消费者对产品的第一印象，增强产品的美感和吸引力，从而激发消费者的购买欲望。本节将介绍使用 AI 设计产品主图的操作方法。

9.2.1 编写产品主图指令

扫码看教程

用户需要结合产品的信息、特征来编写 AI 绘画指令。用户在没有头绪时可以运用 ChatGPT 生成绘画指令建议，具体的操作方法如下。

步骤 1 在 ChatGPT 中输入指令，如"你现在是一位 AI 绘画师，请提供一些生成茶叶产品主图的指令建议"，单击发送按钮 ▶，如图 9-9 所示。

你现在是一位AI绘画师，请提供一些生成茶叶产品主图的指令建议

单击 ——➤

Free Research Preview. ChatGPT may produce inaccurate information about people, places, or facts. ChatGPT May 24 Version

图 9-9　单击发送按钮 ▶

步骤 2 稍等片刻，ChatGPT 会给出茶叶产品主图的 AI 绘画指令建议，如图 9-10 所示。

当绘制茶叶产品的主图时，以下是一些建议指令，可帮助您获得令人满意的结果：

1. 茶叶类型：首先，指定茶叶的类型（例如绿茶、红茶、乌龙茶、白茶等）。这将影响整体画面的色调和氛围。
2. 茶叶形态：描述茶叶的形态和外观，例如茶叶片的形状（如扁平、卷曲等）和茶叶芽的大小。这有助于准确呈现产品的特征。
3. 茶叶颜色：指明茶叶的颜色。不同类型的茶叶会有不同的颜色特点，如深绿色的绿茶、红褐色的红茶等。
4. 茶叶质感：强调茶叶的质感，比如光滑、毛绒或是粗糙的表面纹理。
5. 茶叶包装：若茶叶有特殊包装，请说明包装的细节，如包装袋的图案、颜色和材质。
6. 茶具或附加物：如果茶叶主图需要包含茶具或附加物（如茶壶、茶杯、茶叶罐等），请描述它们的样式和摆放位置。
7. 背景和环境：设定合适的背景和环境，以突出茶叶产品的特色。可以是自然风光、茶园背景或简洁的纯色背景。
8. 光照效果：确定光源的方向和强度，以及光照对茶叶的反射和阴影效果。
9. 品牌标识：如果需要，可将品牌标识或商标巧妙地融入主图，使产品与品牌相关联。
10. 感情表达：根据产品定位，传达适当的情感，如安宁、清新、温暖、高雅等。

以上建议可用于指导AI绘画师创作茶叶产品主图，确保画面呈现令人愉悦、吸引人的效果。记得随时向AI提供更多细节和修改意见，以便获得符合期望的绘画结果。

图 9-10　ChatGPT 给出茶叶产品主图的 AI 绘画指令建议

步骤 3 让 ChatGPT 给出具体的 AI 绘画指令示例，如在同一个 ChatGPT 的

输入框中输入"请整合上述建议，提供一个普洱茶主图的 AI 绘画指令示例，字数在 50 字以内"，ChatGPT 给出 AI 绘画指令示例，如图 9-11 所示。

请整合上述建议，提供一个普洱茶主图的AI绘画指令示例，字数在50字以内

绘画一幅普洱茶主图：展示深红色普洱茶叶在木制托盘上，杯中有优雅的普洱茶汤。背景为茶山轮廓和晨曦。质感细腻，用光巧妙表现茶叶特色。

图 9-11　ChatGPT 给出 AI 绘画指令示例

步骤 4 提出修改要求，如在同一个 ChatGPT 的输入框中输入"请重新生成指令示例，要求背景为白色"，ChatGPT 会重新给出 AI 绘画指令示例，如图 9-12 所示。

请重新生成指令示例，要求背景为白色

创作一幅普洱茶主图：绘制深红色普洱茶叶在木制托盘上，旁有一优雅的茶杯，白色背景凸显茶叶与器具。用光线突出茶叶质感与色泽，让整体画面清新明亮。

图 9-12　ChatGPT 重新给出 AI 绘画指令示例

步骤 5 让 ChatGPT 为我们提供翻译帮助，如在其输入框中继续输入"请将这段 AI 绘画指令翻译为英文"，ChatGPT 给出回复，如图 9-13 所示。

请将这段AI绘画指令翻译为英文

Create a main illustration of Pu-erh tea: Depict dark red Pu-erh tea leaves on a wooden tray, accompanied by an elegant tea cup. The white background highlights the tea leaves and utensils. Use lighting to accentuate the texture and color of the tea leaves, creating a fresh and bright overall composition.

图 9-13　ChatGPT 给出英文翻译

9.2.2　生成产品主图

用户可以将 ChatGPT 生成的英文绘画指令直接输入至 Midjourney 中，便可以通过 Midjourney 获得相关的产品主图，具体的操作方法如下。

扫码看教程

步骤 1 在 Midjourney 中通过 imagine 指令输入 ChatGPT 提供的 AI 绘画指令，并添加 --quality 1 和 --ar 3:2 指令，如图 9-14 所示，提出绘制图片的要求。

步骤 2 按【Enter】键确认，Midjourney 会生成 4 张产品主图。选择其中最

合适的一张，这里选择第 4 张，单击 V4 按钮，如图 9-15 所示。

图 9-14　输入 AI 绘画指令

图 9-15　单击 V4 按钮

步骤 3　提交相应的表单，Midjourney 将在第 4 张图片的基础上重新生成 4
张图片，如图 9-16 所示。

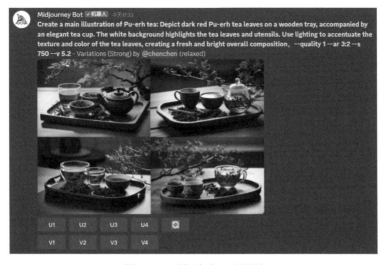

图 9-16　重新生成 4 张图片

步骤 4 单击 U3 按钮，Midjourney 将在第 3 张图片的基础上进行更加精细的刻画，并放大图片效果，如图 9-17 所示。

图 9-17　放大第 3 张图片效果

9.3 2 个步骤设计模特展示图

模特展示图是指用于展示服装、化妆品、珠宝、箱包、配饰等产品的模特摄影作品，通过模特的形象和气质，塑造品牌的形象和风格，提升品牌的知名度和美誉度。本节介绍使用 AI 设计模特展示图的操作方法。

9.3.1　编写模特展示图指令

用户在使用 AI 工具进行模特展示图绘制时，需要组织语言编写绘画指令。同样地，运用 ChatGPT 可以帮助用户快速生成 AI 绘画指令，具体的操作方法如下。

扫码看教程

步骤 1 在 ChatGPT 中输入指令，如"你现在是一位 AI 绘画师，请提供一些生成模特展示图的指令建议"，单击发送按钮▶，如图 9-18 所示。

你现在是一位AI绘画师，请提供一些生成模特展示图的指令建议　　　单击 ⟶ ▶

Free Research Preview. ChatGPT may produce inaccurate information about people, places, or facts. ChatGPT May 24 Version

图 9-18　单击发送按钮▶

步骤 2 稍等片刻，ChatGPT 会给出 AI 绘画指令建议，如图 9-19 所示。

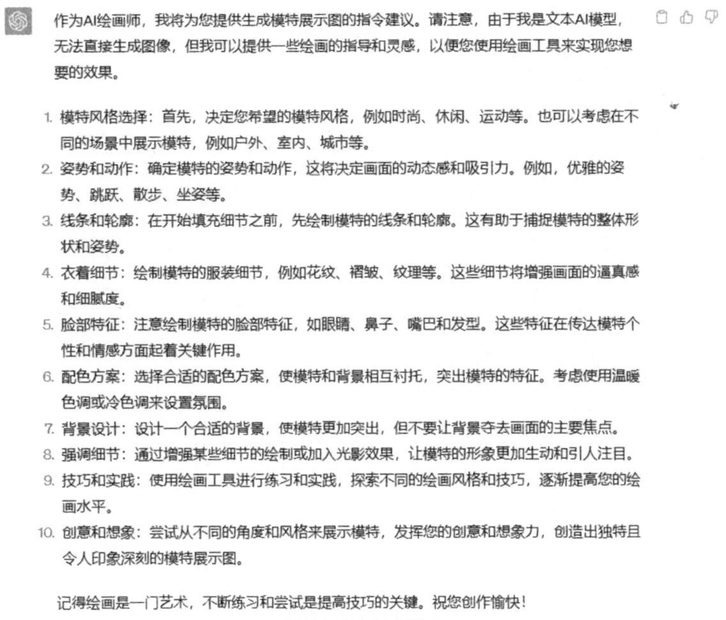

作为AI绘画师，我将为您提供生成模特展示图的指令建议。请注意，由于我是文本AI模型，无法直接生成图像，但我可以提供一些绘画的指导和灵感，以便您使用绘画工具来实现您想要的效果。

1. 模特风格选择：首先，决定您希望的模特风格，例如时尚、休闲、运动等。也可以考虑在不同的场景中展示模特，例如户外、室内、城市等。
2. 姿势和动作：确定模特的姿势和动作，这将决定画面的动态感和吸引力。例如，优雅的姿势、跳跃、散步、坐姿等。
3. 线条和轮廓：在开始填充细节之前，先绘制模特的线条和轮廓。这有助于捕捉模特的整体形状和姿势。
4. 衣着细节：绘制模特的服装细节，例如花纹、褶皱、纹理等。这些细节将增强画面的逼真感和细腻度。
5. 脸部特征：注意绘制模特的脸部特征，如眼睛、鼻子、嘴巴和发型。这些特征在传达模特个性和情感方面起着关键作用。
6. 配色方案：选择合适的配色方案，使模特和背景相互衬托，突出模特的特征。考虑使用温暖色调或冷色调来设置氛围。
7. 背景设计：设计一个合适的背景，使模特更加突出，但不要让背景夺去画面的主要焦点。
8. 强调细节：通过增强某些细节的绘制或加入光影效果，让模特的形象更加生动和引人注目。
9. 技巧和实践：使用绘画工具进行练习和实践，探索不同的绘画风格和技巧，逐渐提高您的绘画水平。
10. 创意和想象：尝试从不同的角度和风格来展示模特，发挥您的创意和想象力，创造出独特且令人印象深刻的模特展示图。

记得绘画是一门艺术，不断练习和尝试是提高技巧的关键。祝您创作愉快！

图 9-19　ChatGPT 给出 AI 绘画指令建议

步骤 3 让 ChatGPT 给出具体的 AI 绘画指令示例，如在同一个 ChatGPT 的输入框中输入"请提供一个中国女生模特展示卫衣的 AI 绘画指令示例，字数在 50 字以内"，ChatGPT 给出 AI 绘画指令示例，如图 9-20 所示。

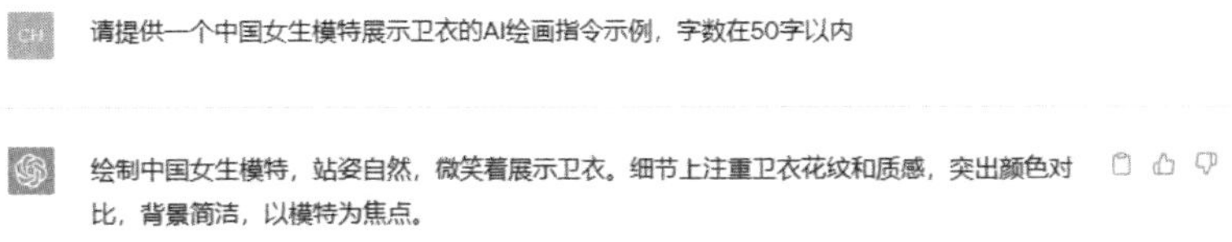

请提供一个中国女生模特展示卫衣的AI绘画指令示例，字数在50字以内

绘制中国女生模特，站姿自然，微笑着展示卫衣。细节上注重卫衣花纹和质感，突出颜色对比，背景简洁，以模特为焦点。

图 9-20　ChatGPT 给出 AI 绘画指令示例

步骤 4 提出修改要求，如在输入框中继续输入"请重新生成指令示例，要求采用专业相机拍摄人物全身"，ChatGPT 会重新给出 AI 绘画指令示例，如图 9-21 所示。

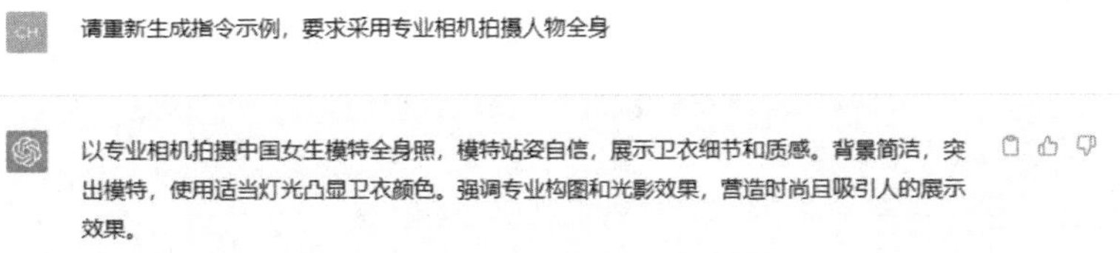

请重新生成指令示例，要求采用专业相机拍摄人物全身

以专业相机拍摄中国女生模特全身照，模特站姿自信，展示卫衣细节和质感。背景简洁，突出模特，使用适当灯光凸显卫衣颜色。强调专业构图和光影效果，营造时尚且吸引人的展示效果。

图 9-21　ChatGPT 重新给出 AI 绘画指令示例

步骤 5 让 ChatGPT 为我们提供翻译帮助，如在其输入框中继续输入"请将这段 AI 绘画指令翻译为英文", ChatGPT 给出回复, 如图 9-22 所示。

图 9-22　ChatGPT 给出英文翻译

9.3.2　生成模特展示图

用户将编写好的绘画指令输入至 Midjourney 中, 可以获得 Midjourney 智能化绘制的模特展示图, 具体的操作方法如下。

扫码看教程

步骤① 在 Midjourney 中通过 imagine 指令输入 ChatGPT 提供的 AI 绘画指令, 如图 9-23 所示, 提出绘制图片的要求。

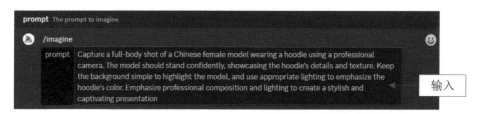

输入

图 9-23　输入 AI 绘画指令

步骤② 按【Enter】键确认, Midjourney 会生成 4 张模特展示图。选择其中最合适的一张, 这里选择第 1 张, 单击 V1 按钮, 如图 9-24 所示。

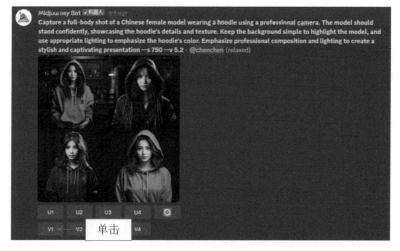

单击

图 9-24　单击 V1 按钮

步骤 3 提交相应的表单，Midjourney 将在第 1 张图片的基础上重新生成 4
张图片，如图 9-25 所示。

步骤 4 单击 U2 按钮，Midjourney 将在第 2 张图片的基础上进行更加精细
的刻画，并放大图片效果，如图 9-26 所示。

图 9-25　重新生成 4 张图片　　　　　图 9-26　放大第 2 张图片效果

9.4 2 个步骤设计产品详情页

产品详情页是电子商务网站中展示单个产品详细信息的页面，它是消费者
了解和评估产品的主要依据，通常包括产品的展示图、描述、功能、款式、颜
色、价格和场景图等。本节将举例介绍用 AI 设计详情页中的产品展示图的操作
方法。

9.4.1　编写产品详情页指令

在 ChatGPT 的帮助下，用户可以快速获得 AI 绘制产品详情
页的指令，具体的操作方法如下。

步骤 1 在 ChatGPT 中输入指令，如"你现在是一位 AI 绘画
师，请以裙子为例，生成一些产品展示图的指令建议"，单击发
送按钮，如图 9-27 所示。

扫码看教程

你现在是一位AI绘画师，请以裙子为例，生成一些产品展示图的指令建议　　单击

Free Research Preview. ChatGPT may produce inaccurate information about people, places, or facts. ChatGPT May 24 Version

图 9-27　单击发送按钮

步骤 2 稍等片刻，ChatGPT 会给出详细的 AI 绘画指令建议，如图 9-28 所示。

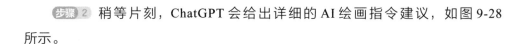

作为一位AI绘画师，我很乐意为您提供关于裙子产品展示图的指令建议。在以下步骤中，我将为您提供一些建议，帮助您展示裙子的不同风格和特点：

1. 选择裙子款式：
   您可以指定不同的裙子款式，例如长裙、短裙、A字裙、连衣裙等。如果有特定设计风格或主题，也请告诉我。

2. 确定颜色和材质：
   请指定裙子的颜色和材质。您可以选择多种颜色和材质组合，这样可以展示不同风格的裙子。

3. 设计花纹和图案：
   如果您希望裙子上有花纹或图案，可以告诉我您感兴趣的元素和样式，我会将其融入到设计中。

4. 添加细节和装饰：
   提供一些关于如何增加裙子细节和装饰的指导，例如褶皱、蕾丝、纽扣、腰带等。这些细节能够使裙子更加生动和吸引人。

5. 设定背景和场景：
   您可以决定裙子展示的背景和场景。例如，在海滩、花园、城市街道等不同环境中展示裙子，可以增加产品的多样性。

6. 强调特点和优势：
   指示我如何突出裙子的特点和优势，比如舒适度、适合的场合、适合的体型等。这些关键信息有助于吸引目标受众。

7. 提供多个角度：
   让我为您绘制裙子的不同角度，例如前视图、侧视图、后视图等，这样客户可以全面了解产品。

8. 定义画面比例和尺寸：
   您可以告诉我绘制的画面比例和尺寸，以确保适合展示在不同媒介上。

通过以上指令，我将尽力为您绘制多样化、吸引人的裙子产品展示图，帮助您展示出优秀的产品特点，并吸引潜在客户的注意。请提供更具体的指令和要求，让我可以更好地满足您的需求。

图 9-28　ChatGPT 给出详细的 AI 绘画指令建议

步骤 3 让 ChatGPT 给出 AI 绘画指令示例，如在同一个 ChatGPT 的输入框中输入"请提供 A 字裙展示图的 AI 绘画指令示例，字数在 50 字以内"，ChatGPT 给出 AI 绘画指令示例，如图 9-29 所示。

请提供A字裙展示图的AI绘画指令示例，字数在50字以内

绘制一张A字裙展示图。颜色选择浅蓝色，材质呈现轻盈感。在裙摆处加入淡黄色蕾丝装饰。强调舒适设计和适合多种场合。背景选择阳光明媚的花园，展示裙子自然风情。提供前、侧、后三个角度，画面尺寸800x600像素。

图 9-29　ChatGPT 给出 AI 绘画指令示例

步骤 4 提供修改建议，并让 ChatGPT 为我们提供翻译帮助，如在其输入框中继续输入"请将背景修改为纯白色，并将整段 AI 绘画指令翻译为英文"，ChatGPT 给出回复，如图 9-30 所示。

请将背景修改为纯白色，并将整段AI绘画指令翻译为英文

Create an illustration of an A-line skirt. Choose a light blue color with a lightweight texture. Add delicate yellow lace detailing to the hem. Emphasize its comfortable design and suitability for various occasions. Set a pure white background to showcase the skirt's natural charm. Provide front, side, and back views with an image size of 800×600 pixels.

图 9-30　ChatGPT 将修改后的指令翻译为英文

用户在向 ChatGPT 寻求产品详情页的 AI 绘画指令时，注意提供具体的产品描述和要求纯白色的背景，以便 ChatGPT 给出更为有效的绘画指令。

9.4.2　生成产品详情页

用户在确认 ChatGPT 给出的英文指令无误后，便可以将其输入至 Midjourney 中，让 Midjourney 绘制相应的产品展示图。下面将介绍运用 Midjourney 绘制产品展示图的操作方法。

扫码看教程

步骤 1 在 Midjourney 中通过 imagine 指令输入 ChatGPT 提供的 AI 绘画指令，如图 9-31 所示，提出绘制图片的要求。

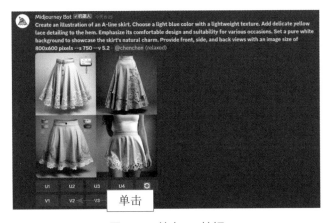

输入

图 9-31　输入 AI 绘画指令

步骤 2 按【Enter】键确认，Midjourney 会生成 4 张产品展示图。选择其中最合适的一张，这里选择第 2 张，单击 V2 按钮，如图 9-32 所示。

单击

图 9-32　单击 V2 按钮

步骤3 提交相应的表单，Midjourney 将在第 2 张图片的基础上重新生成 4 张图片，如图 9-33 所示。

步骤4 单击 U2 按钮，Midjourney 将在第 2 张图片的基础上进行更加精细的刻画，并放大图片效果，如图 9-34 所示。

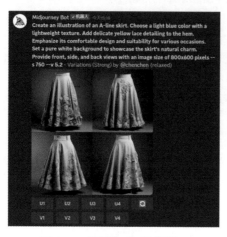

图 9-33　重新生成 4 张图片

图 9-34　放大第 2 张图片效果

9.5　2 个步骤设计宣传海报

海报是网店的重要组成部分，可以提高店铺的访问量和转化率。一个好的海报可以吸引消费者的注意力，让他们停留在店铺中，了解更多关于品牌和产品的信息。本节将介绍使用 AI 设计店铺首页海报的操作方法。

9.5.1　编写宣传海报指令

用户通过运用 ChatGPT 可以快速地完成绘画指令编写任务，从而节省获取宣传海报图的时间。下面将介绍运用 ChatGPT 生成宣传海报的绘画指令的操作方法。

扫码看教程

步骤1 在 ChatGPT 中输入指令，如"你现在是一位 AI 绘画师，请生成一些洗衣液宣传海报的指令示例"，单击发送按钮 ▶，如图 9-35 所示。

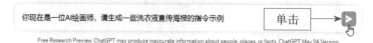

你现在是一位AI绘画师，请生成一些洗衣液宣传海报的指令示例　　单击 ━━━▶

Free Research Preview. ChatGPT may produce inaccurate information about people, places, or facts. ChatGPT May 24 Version

图 9-35　单击发送按钮 ▶

步骤 2 稍等片刻，ChatGPT 会给出详细的 AI 绘画指令示例，如图 9-36 所示。

作为AI绘画师，我可以为你生成一些洗衣液宣传海报的指令示例。请注意，由于我无法直接绘制图像，以下示例仅为文字描述。你可以根据这些描述向插画师或设计师传达你的想法。

1. 主题：清新洁净
   描述：绘制一个明亮的蓝天背景，洁白的云朵上方放置洗衣液瓶的图像。在瓶子下方，描绘一把柔软的棉花，象征柔顺的衣物。使用清新的蓝色调和轻快的字体，搭配标语："洁净如新，清新如天"。

2. 主题：超强去污
   描述：绘制一个充满能量的场景，有一台洗衣机在中央，散发着闪电般的光芒。洗衣液瓶和闪电相互交织，形成一种强大的视觉冲击力。标语："超强去污，彻底清洁！"用醒目的红色和黄色突出品牌和产品名称。

3. 主题：环保与自然
   描述：画面上是一片美丽的自然风景，如翠绿的森林、清澈的河流和蓝天白云。在画面前方的草地上，放置一个有机洗衣液瓶，瓶子上有绿色的叶子图案。使用绿色和棕色的调色板，搭配标语："为地球洗净一切，纯净自然之选"。

4. 主题：家庭幸福
   描述：绘制一个幸福的家庭场景，有父母和孩子一起洗衣服的画面。在洗衣液瓶上添加一个温馨的家庭标志，如一个小房子或家人手牵手的图案。使用温暖的色彩和亲切的字体，搭配标语："洗去烦恼，洗出幸福"。

5. 主题：高效省时
   描述：画面中有一个巨大的时钟和一瓶洗衣液，时钟上的指针指向"洗"和"净"，象征着高效洗涤和迅速完成。使用醒目的蓝色和橙色，搭配标语："高效洗净，省时省力"。

6. 主题：专业洗护
   描述：绘制一个高端洗衣店的场景，洗衣液瓶上标有"专业"字样。在画面中加入洗衣液与衣物交融的图像，彰显产品对衣物的呵护。使用简洁优雅的字体，搭配标语："专业护理，呵护你的每一件衣物"。

希望这些指令示例能为你的洗衣液宣传海报提供一些启示！请根据你的需求和品牌风格，进行进一步的设计和修改。

图 9-36　ChatGPT 给出详细的 AI 绘画指令示例

步骤 3 选择其中一个主题让 ChatGPT 为我们提供翻译帮助，如在其输入框中继续输入"请将第 1 个主题的 AI 绘画指令翻译为英文"，ChatGPT 给出回复，如图 9-37 所示。

请将第1个主题的AI绘画指令翻译为英文

Sure! Here's the translation of the first theme AI painting instruction into English:

Theme: Fresh and Clean
Description: Create a bright blue sky background with a picture of a laundry detergent bottle placed above the pristine white clouds. Below the bottle, depict a soft cotton, symbolizing gentle and soft clothes. Use refreshing blue tones and a light-hearted font, along with the slogan: "As Clean as New, Fresh as the Sky."

图 9-37　ChatGPT 提供翻译帮助

需要注意的是，以当前 Midjourney 绘制图片的水平尚不能生成有效的带文字的图片。因此，用户若采用上述 ChatGPT 提供的 AI 绘画指令，则应当只选择与图像相关的指令，如将 Create a bright blue sky background with a picture of a laundry detergent bottle placed above the pristine white clouds. Below the bottle, depict a soft cotton, symbolizing gentle and soft clothes（绘制一个以明亮的蓝天为背景，在洁白的云朵上方放置洗衣液瓶的图像。在瓶子下方，描绘一把柔软的棉花，象征着柔顺的衣物）作为此次绘画的指令。

9.5.2 生成宣传海报

用户将准备好的指令输入 Midjourney 中，便可以期待 Midjourney 绘制的创意海报，具体的操作方法如下。

扫码看教程

步骤 1 在 Midjourney 中通过 imagine 指令输入 ChatGPT 提供的 AI 绘画指令，并添加 --ar 14:9 指令，如图 9-38 所示，提出绘制图片的要求。

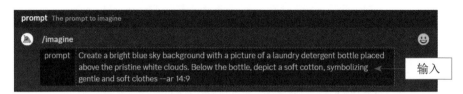

图 9-38　输入 AI 绘画指令

步骤 2 按【Enter】键确认，Midjourney 会生成 4 张宣传海报。选择其中最合适的一张，这里选择第 1 张，单击 V1 按钮，如图 9-39 所示。

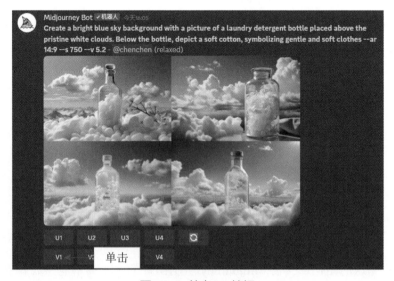

图 9-39　单击 V1 按钮

步骤 3 提交相应的表单，Midjourney 将在第 1 张图片的基础上重新生成 4

张图片，如图 9-40 所示。

图 9-40　重新生成 4 张图片

步骤 4　单击 U4 按钮，Midjourney 将在第 4 张图片的基础上进行更加精细的刻画，并放大图片效果，如图 9-41 所示。

图 9-41　放大第 4 张图片效果

 本章 小结

本章主要介绍了 AI 绘画应用于电商领域，如店铺 Logo、产品主图、模特展示图、产品详情页和宣传海报图设计的方法，让读者能够加深运用 ChatGPT 和 Midjourney 的印象。

课后 习题 |||

鉴于本章知识的重要性，为了使读者更好地掌握所学知识，下面将通过课后习题帮助读者进行简单的知识回顾和补充。

1. 尝试仿照 Midjourney 生成产品主图的指令，并加入 --ar 3:2 指令，让 Midjourney 生成一张牙刷产品主图，效果参考图 9-42 所示。

图 9-42　Midjourney 生成的牙刷产品主图

2. 尝试仿照 Midjourney 生成宣传海报图的指令，并加入 --ar 14:9 指令，让 Midjourney 生成一张相机的宣传海报图，效果参考图 9-43 所示。

图 9-43　Midjourney 生成的相机宣传海报图

扫码看答案

扫码看教程

第 10 章

美术设计：开发创意落地新形式

美术设计是一种艺术创作过程，它将艺术、美学、设计原则和创意思维融合起来，创造出具有视觉吸引力和美感的作品或产品。AI也可以应用于美术设计领域，为设计工作提供了新的思路和机遇。本章将介绍运用 AI 进行美术设计的方法。

10.1 2 个步骤设计图书封面

图书封面设计属于美术设计中的平面设计。图书封面主要用于装饰书籍和凸显书籍的亮点，在图书的传播和销售中起到重要的作用。运用 AI 工具可以生成创意性的图书封面，帮助书籍在市场竞争中脱颖而出。本节将介绍使用 AI 设计图书封面的详细步骤。

10.1.1 编写图书封面指令

设计图书封面的第一步骤是运用 ChatGPT 生成 AI 绘画指令。当然，用户如果有明确的关于图书封面的想法，则可以直接运用 AI 绘画工具等待图片绘制。下面将介绍运用 ChatGPT 生成图书封面的绘画指令的操作方法。

扫码看教程

步骤 1 在 ChatGPT 中输入指令，如"你现在是一位 AI 绘画师，请生成一些图书封面的指令示例"，ChatGPT 会给出相关的指令示例，如图 10-1 所示。

图 10-1 ChatGPT 给出图书封面的 AI 绘画指令建议

步骤 2 选择其中一个封面设计描述，让 ChatGPT 提供翻译帮助，如在其输入框中输入"请将第 3 个指令示例翻译为英文"，ChatGPT 给出回复，如图 10-2 所示。

图 10-2　ChatGPT 提供翻译帮助

10.1.2　生成图书封面

用户可以将 ChatGPT 给出的英文指令输入至 Midjourney 中，让 Midjourney 将图书封面的设想落地为真正的设计图，具体的操作方法如下。

扫码看教程

步骤 1　在 Midjourney 中通过 imagine 指令输入 ChatGPT 提供的 AI 绘画指令，并添加"Image size is 260×185mm（图像尺寸为 260mm×185mm）"指令，如图 10-3 所示，提出绘图要求。

图 10-3　输入 AI 绘画指令

步骤 2　按【Enter】键确认，Midjourney 会生成 4 张封面设计图，如图 10-4 所示。

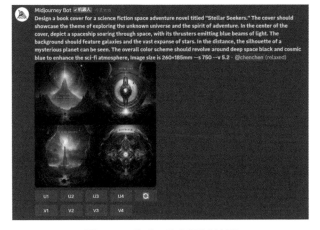

图 10-4　生成 4 张封面设计图

步骤 3 选择其中合适的图片，并单击相应按钮，如单击 U1 按钮和 U3 按钮，Midjourney 将在第 1 张和第 3 张图片的基础上进行更加精细的刻画，并放大图片效果，如图 10-5 所示。

图 10-5 放大第 1 张和第 3 张图片效果

可以看出，Midjourney 生成的封面设计图中会带有一些字母，这些字母不具有任何实际含义，用户可以将其当作文字排版的参考，在封面设计图的实际应用中通过其他软件（如 PhotoShop）进行后期处理。

10.2 2 个步骤设计装置品

装置品是指用于装点室内房屋或室外广场的物品，它通常带有一定的艺术美感，可以供大家欣赏。本节将介绍用 AI 设计装置品的详细步骤。

10.2.1 编写装置品设计图指令

用户在没有绘画灵感的情况下，通过引导 ChatGPT 可以获得装置品的绘画指令，具体的操作方法如下。

步骤 1 在 ChatGPT 中输入指令，如"你现在是一位 AI 绘画师，请生成一些放置于公共空间的艺术装置的指令示例"，ChatGPT 会给出相关的指令示例，如图 10-6 所示。

扫码看教程

步骤 2 选择其中一个艺术装置设计的指令，让 ChatGPT 提供翻译帮助，如在其输入框中输入"请将第 4 个指令示例翻译为英文"，ChatGPT 会给出英文的指令，如图 10-7 所示。

图 10-6　ChatGPT 给出艺术装置品的 AI 绘画指令示例

图 10-7　ChatGPT 给出英文的指令

10.2.2　生成装置品设计图

用 户 将 ChatGPT 给 出 的 艺 术 装 置 品 的 指 令 输 入 至
Midjourney 中，便可以获得 Midjourney 设计的艺术装置品成品，
具体的操作方法如下。

扫码看教程

步骤 1 在 Midjourney 中通过 imagine 指令输入 ChatGPT 提
供的 AI 绘画指令，并添加 --ar 3:2 指令，如图 10-8 所示。

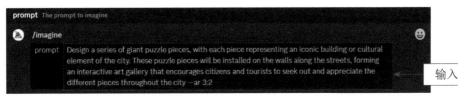

图 10-8　输入 AI 绘画指令

步骤 2 按【Enter】键确认，Midjourney 会生成 4 张设计图，如图 10-9 所示。

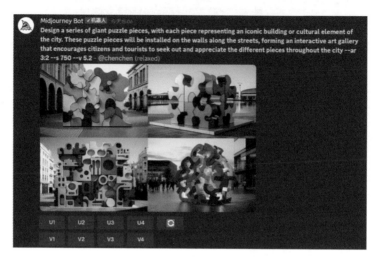

图 10-9　生成 4 张设计图

步骤 3 选择其中合适的图片，并单击相应按钮，如单击 U3 按钮，Midjourney 将在第 3 张图片的基础上进行更加精细的刻画，并放大图片效果，如图 10-10 所示。

图 10-10　放大第 3 张图片效果

10.3 2 个步骤设计服装

服装设计属于美术设计中的产品设计，通常具有时尚、个性、实用的特点，因场合和需求不同而变化。在 AI 绘画与美术设计的融合中，服装设计也深受 AI 的影响，如 AI 技术可以为服装设计师提供设计灵感。本节将介绍用 AI 设计服装的详细步骤。

10.3.1 编写服装设计图指令

ChatGPT 的文本生成功能可以为用户提供 AI 绘画指令参考，因此用户通过 ChatGPT 便可以轻松获得绘画指令，充分发挥 AI 工具的作用。下面将介绍运用 ChatGPT 生成服装设计的绘画指令的操作方法。

扫码看教程

步骤 1 在 ChatGPT 中输入指令，如"你现在是一位 AI 绘画师，请生成一些服装设计图的指令示例"，ChatGPT 会给出相关的指令示例，如图 10-11 所示。

作为AI绘画师，我可以为你生成一些服装设计图的指令示例。请注意，由于我无法直接绘制图像，因此以下指令例将以文字形式描述服装设计的要素和特征。你可以根据这些描述找到或委托一位绘画师将其实现成具体的服装设计。

1. 轻盈夏日连衣裙：
   描述：设计一款轻盈、透气的夏日连衣裙，适合海滩度假或闲逛。长度及膝，领口采用V领设计，胸前可有小巧的花朵刺绣或装饰。面料选用柔软的棉麻或丝绸，色彩以明快的柔和色系为主，例如浅蓝、淡粉或柠檬黄。

2. 现代复古男士西装：
   描述：设计一套结合现代与复古风格的男士西装。西装外套采用修身剪裁，有两排扣子，胸前有口袋，配有修长的西装裤。整体色调偏向暗色系，可以选择深灰或深蓝。西装领口部分加入复古元素，如瘦长的尖领或宽大的翻领。细节处可以使用金属钮扣或装饰链条增添时尚感。

3. 运动休闲风女士连帽外套：
   描述：设计一款时尚舒适的女士连帽外套，适合日常运动或休闲穿着。外套的材质应该采用轻薄透气的尼龙或涤纶面料，适合春秋季节穿搭。设计上可以有拉链式闭合前襟，两侧口袋和宽松的连帽。颜色选择上可以考虑带有活力的鲜艳色彩，如草绿、鲜黄或橙色。

4. 优雅晚礼服：
   描述：设计一款优雅迷人的晚礼服，适合参加重要社交场合或宴会。晚礼服的裙摆应该宽松飘逸，采用柔软的雪纺或丝绸面料，可以选择拖地长度或及膝长度。上半身设计精美的花朵刺绣或珠片装饰，同时背部设计深V或低背造型增添性感。颜色上可以选择经典的黑色、红色或浅金色。

5. 街头风格男性卫衣：
   描述：设计一款潮流的街头风格男性卫衣，适合年轻人日常穿着。卫衣材质采用舒适的棉质或纯棉混纺，保持宽松的休闲剪裁。前胸部分可以印有简约的图案或标志，袖口和下摆处有收口设计。颜色选择可以以白为主，搭配亮眼的对比色，如红色、黄色或蓝色。

图 10-11 　ChatGPT 给出服装设计图的 AI 绘画指令示例

步骤 2 选择其中一个指令，让 ChatGPT 提供翻译帮助，如在其输入框中输入"请将第 2 个指令示例翻译为英文"，ChatGPT 会给出英文的指令，如图 10-12 所示。

请将第2个指令示例翻译为英文

Translate the 2nd clothing design instruction into English:

"Modern Retro Men's Suit:
Description: Design a modern and retro-styled men's suit. The suit jacket should have a slim fit with a double-breasted design and two rows of buttons. It should feature a chest pocket and be paired with tailored trousers. The overall color scheme should lean towards dark shades, such as deep gray or navy blue. Incorporate retro elements into the suit's collar, like a slim pointed collar or wide lapels. For added style, consider using metal buttons or decorative chains for detailing."

图 10-12 　ChatGPT 给出英文的指令

这些只是服装设计图的指令示例，具体的细节和风格还可以根据用户的实际需求和设计师的创意进行进一步完善和调整。

10.3.2 生成服装设计图

用户在获得 ChatGPT 给出的服装设计图指令后，可以适当地修改完善，或者直接输入至 Midjourney 中，让 Midjourney 生成图片，具体的操作方法如下。

扫码看教程

步骤 1 在 Midjourney 中通过 imagine 指令输入 ChatGPT 提供的 AI 绘画指令，并添加 --ar 3:2 指令，如图 10-13 所示。

图 10-13 输入 AI 绘画指令

步骤 2 按【Enter】键确认，Midjourney 会生成 4 张设计图。选择其中最合适的一张，这里选择第 4 张，单击 V4 按钮，如图 10-14 所示。

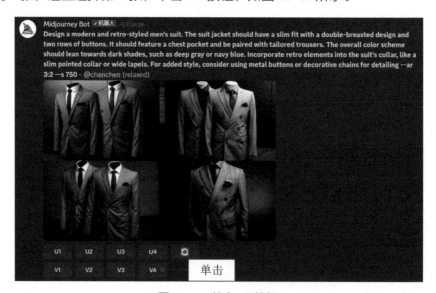

图 10-14 单击 V4 按钮

步骤 3 提交相应的表单，Midjourney 将在第 4 张图片的基础上重新生成 4 张图片，如图 10-15 所示。

步骤 4 单击 U2 按钮，Midjourney 将在第 2 张图片的基础上进行更加精细的刻画，并放大图片效果，如图 10-16 所示。

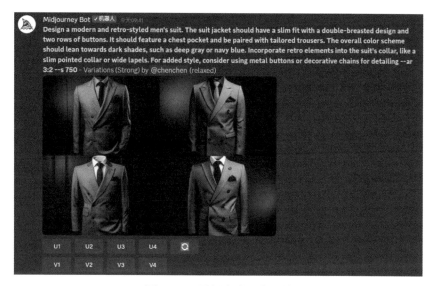

图 10-15 重新生成 4 张图片

图 10-16 放大图片效果

10.4 2 个步骤设计珠宝

珠宝设计也属于创意设计品的范畴。在 AI 绘画盛行之际，珠宝设计也可以由 AI 绘画提供设计灵感。

用户在 AI 绘画工具中输入珠宝的款式、样式、包含元素等指令，即可获得 AI 生成的设计成品图或草图，由此产生了设计灵感，从而提高了工作效率和减轻了工作负担。本节将介绍用 AI 设计珠宝的详细步骤。

10.4.1　编写珠宝设计图指令

运用 ChatGPT 可以帮助用户编写珠宝设计图的指令。用户可以让 ChatGPT 充当 AI 绘画师，从 AI 绘画师的角度来提供绘画指令，从而能够更快地获得有效的珠宝设计图。下面将介绍运用 ChatGPT 生成珠宝设计图的绘画指令的操作方法。

扫码看教程

步骤 1 在 ChatGPT 中输入指令，如"你现在是一位 AI 绘画师，请生成一些珠宝设计图的指令示例"，单击发送按钮 ，如图 10-17 所示。

你现在是一位AI绘画师，请生成一些珠宝设计图的指令示例　　　　　单击　　➡️

Free Research Preview. ChatGPT may produce inaccurate information about people, places, or facts. ChatGPT July 20 Version

图 10-17　单击发送按钮 ▶

步骤 2 ChatGPT 会给出珠宝设计图的指令示例，如图 10-18 所示。

作为AI绘画师，我可以为您生成一些珠宝设计图的指令示例。请注意，由于我无法直接绘制图像，以下是文字描述的示例，您可以用这些描述指导珠宝设计师进行创作：

1. "设计一款优雅的白金戒指，戒指顶部是一个圆形的蓝宝石，蓝宝石周围镶嵌着小型钻石。在戒指的两侧，镶嵌两颗梨形钻石，使其与中心的蓝宝石相呼应。"
2. "创作一个现代感十足的黄金项链，项链上有一个几何形状的吊坠，吊坠的中心是一个方形红宝石，四周环绕着小型绿宝石和黄宝石，再在吊坠的顶部镶嵌一颗白色钻石。"
3. "设计一对华丽的耳环，耳环由白金制成，每个耳环顶部有一颗圆形粉色珍珠，下方悬挂着一个镶有蓝色宝石的白金雕花吊坠，吊坠下方挂着一小串珍珠和蓝宝石的组合。"
4. "创造一枚独特的黄金戒指，戒指的造型像一条盘绕的蛇，蛇身用绿色宝石勾勒，眼睛镶嵌着两颗红宝石，而蛇头则张开，露出一颗明亮的黄色钻石。"
5. "设计一条精致的银质手链，手链由多个相互连接的小圆环组成，其中每个圆环都嵌有不同颜色的宝石，包括蓝宝石、绿松石、紫水晶和红宝石，形成一个色彩斑斓的链条。"
6. "创作一枚古风飘逸的铂金戒指，戒指顶部是一个半透明的玉石，玉石上刻有精美的传统花纹。在玉石周围，以弯曲的铂金藤蔓装饰，藤蔓上镶嵌着小颗的钻石，整体呈现出古雅华贵的氛围。"

这些示例仅供参考，您可以根据自己的喜好和风格进一步调整和发挥创意。请务必将这些指令提供给专业珠宝设计师，他们可以将您的想法变成真实的珠宝作品。

图 10-18　ChatGPT 给出珠宝设计图的 AI 绘画指令示例

步骤 3 选择其中一个指令，让 ChatGPT 提供翻译帮助，如在其输入框中输入"请将第 1 个指令示例翻译为英文"，ChatGPT 会给出英文的指令，如图 10-19 所示。用户也可以根据自己的喜好选择指令，让 ChatGPT 翻译为英文。

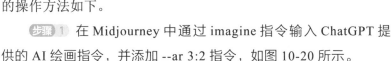

請將第1个指令示例翻译为英文

Sure! Here's the translation of the first jewelry design instruction into English:

"Design an elegant platinum ring with a circular sapphire at the top, surrounded by small diamonds. On each side of the ring, set two pear-shaped diamonds to complement the central sapphire."

图 10-19　ChatGPT 给出英文的指令

10.4.2　生成珠宝设计图

用户在编写好指令后将其输入至 Midjourney 中，通过 imagine 指令可以让 Midjourney 响应指令生成珠宝设计图，具体的操作方法如下。

步骤 1　在 Midjourney 中通过 imagine 指令输入 ChatGPT 提供的 AI 绘画指令，并添加 --ar 3:2 指令，如图 10-20 所示。

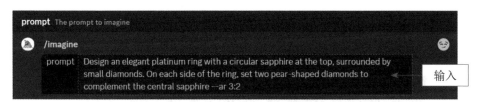

图 10-20　输入 AI 绘画指令

步骤 2　按【Enter】键确认，Midjourney 会生成 4 张设计图。选择其中最合适的一张，这里选择第 2 张，单击 V2 按钮，如图 10-21 所示。

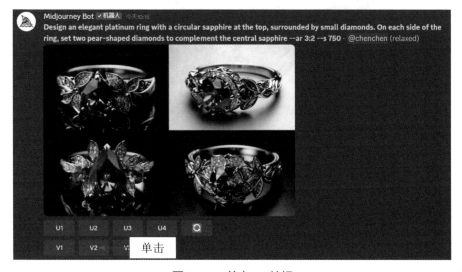

图 10-21　单击 V2 按钮

步骤 ③ 提交相应的表单，Midjourney 将在第 4 张图片的基础上重新生成 4 张图片，如图 10-22 所示。

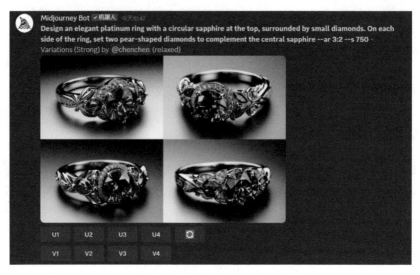

图 10-22　重新生成 4 张图片

步骤 ④ 单击 U1 按钮，Midjourney 将在第 1 张图片的基础上进行更加精细的刻画，并放大图片效果，如图 10-23 所示。

图 10-23　放大第一张图效果

10.5 2 个步骤设计室内布局

在建筑工程领域，室内布局设计是与美术设计相关的工作，要求工作人员有一定的美术功底和创意。运用 AI 绘画工具可以为室内布局设计人员提供一些设计灵感。本节将介绍用 AI 设计室内布局的详细步骤。

10.5.1 编写室内设计图指令

扫码看教程

用户想获得室内布局设计图，需要先编写 AI 绘画指令，而运用 ChatGPT 可以自动生成室内布局设计图的 AI 绘画指令，具体的操作方法如下。

步骤 1 在 ChatGPT 中输入指令，如"你现在是一位 AI 绘画师，请生成一些室内设计图的指令示例"，单击发送按钮 ▶，如图 10-24 所示。

你现在是一位AI绘画师，请生成一些室内设计图的指令示例　　　单击 ⟶ ▶

Free Research Preview. ChatGPT may produce inaccurate information about people, places, or facts. ChatGPT July 20 Version

图 10-24　单击发送按钮 ▶

步骤 2 ChatGPT 会给出室内设计图的指令示例，如图 10-25 所示。

作为AI绘画师，我很乐意为您提供一些室内设计图的指令示例。请注意，由于我无法直接绘画，以下是对应的文字指令，描述了可能的室内设计元素和布局。您可以根据这些指令示例与专业的室内设计师合作或使用设计软件来实际绘制图纸。

1. 客厅设计：
   - 绘制一个宽敞的客厅，包含一张L型沙发，两把搭配的舒适单椅以及一个咖啡桌。
   - 在客厅的一面墙上安装一组落地书架，并在上面摆放一些装饰品和绿植。
   - 将电视挂在另一面墙上，下方是一个小柜子用于存放媒体设备。

2. 厨房设计：
   - 设计一个现代化的开放式厨房，中央是一个大理石台面的岛台，上面带有炉灶和抽油烟机。
   - 在岛台旁边设置一个长条形用餐区，配备高脚凳或椅子。
   - 将洗碗机、冰箱和烤箱等电器巧妙地内嵌在橱柜中，确保厨房整洁美观。

3. 主卧室设计：
   - 绘制一个宽敞的主卧室，配备一张舒适的特大号床和床头柜。
   - 在窗户旁边放置一个舒适的躺椅，供休息和阅读使用。
   - 在墙上挂一幅抽象画作，并设置柔和的灯光，营造舒适的氛围。

4. 儿童房设计：
   - 设计一个充满趣味和创意的儿童房，将墙壁漆成明亮的色彩。
   - 在一角设置一个玩耍和学习的区域，放置一个桌子和小椅子。
   - 为孩子提供充足的储物空间，例如可爱的玩具箱和衣柜。

5. 办公室设计：
   - 绘制一个舒适的家庭办公室，配备一张宽大的书桌和舒适的办公椅。
   - 在书桌旁边放置一个地毯和一个植物盆栽，增添温馨感。
   - 在墙上设置一个大型白板或壁挂式记事板，方便记录工作事项。

6. 浴室设计：
   - 设计一个现代化的浴室，配备淋浴区和浴缸。
   - 在淋浴区周围使用透明玻璃隔断，增加空间感。
   - 在墙上安装一个大型镜子，并合理安排储物柜，使得洗漱区整洁有序。

图 10-25　ChatGPT 给出室内设计图的 AI 绘画指令示例

步骤 3 提出修改要求，如在输入框中继续输入"请重新生成指令示例，要求字数控制在 50 字以内"，让 ChatGPT 给出高度凝练的 AI 绘画指令。ChatGPT 会重新给出 AI 绘画指令示例，如图 10-26 所示。

1. 客厅：L型沙发、两把单椅、咖啡桌。一面墙落地书架，上摆装饰品和绿植。电视挂另一面墙，下小柜放媒体设备。
2. 厨房：现代开放式厨房，中央大理石岛台，带炉灶和抽油烟机。旁长条用餐区，高脚凳或椅子。电器嵌入橱柜，整洁美观。
3. 主卧室：特大号床、床头柜。窗旁舒适躺椅，休息和阅读。墙挂抽象画，柔和灯光，营造舒适氛围。
4. 儿童房：色彩明亮的墙壁，玩耍学习区域，桌椅。可爱玩具箱和衣柜，增添趣味与创意。
5. 办公室：宽大书桌、舒适办公椅。桌旁地毯和植物盆栽，增添温馨。墙上大型白板或壁挂记事板。
6. 浴室：现代浴室，淋浴区和浴缸。透明玻璃隔断，增加空间感。大墙镜和储物柜，整洁有序。

图 10-26　ChatGPT 重新给出 AI 绘画指令示例

步骤 4 选择其中一个指令，让 ChatGPT 提供翻译帮助，如在其输入框中输入"请将第 2 个指令示例翻译为英文"，ChatGPT 会给出英文的指令，如图 10-27 所示。

1. Kitchen: Modern open-plan kitchen with a central marble island counter, equipped with a stove and an extractor hood. Adjacent to it, a long dining area with high stools or chairs. Appliances cleverly embedded in cabinets, ensuring a tidy and appealing look.

图 10-27　ChatGPT 给出英文的指令

扫码看教程

10.5.2　生成室内设计图

用户将 ChatGPT 给出的 AI 指令输入至 Midjourney 中，便可以获得室内设计图的成品图片。Midjourney 会响应指令生成多张室内设计图，为用户提供不同的设计灵感。下面将介绍运用 Midjourney 生成室内设计图的操作方法。

步骤 1 在 Midjourney 中通过 imagine 指令输入 ChatGPT 提供的 AI 绘画指令，并添加 --ar 3:2 指令，如图 10-28 所示。

prompt The prompt to imagine

/imagine

prompt Modern open-plan kitchen with a central marble island counter, equipped with a stove and an extractor hood. Adjacent to it, a long dining area with high stools or chairs. Appliances cleverly embedded in cabinets, ensuring a tidy and appealing look --ar 3:2

输入

图 10-28　输入 AI 绘画指令

步骤 2 按【Enter】键确认，Midjourney 会生成 4 张设计图。选择其中最合适的一张，这里选择第 2 张，单击 V2 按钮，如图 10-29 所示，提交相应的表单，Midjourney 将在第 2 张图片的基础上重新生成 4 张图片。

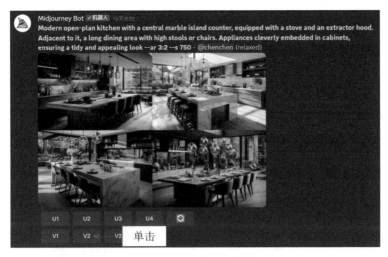

图 10-29　单击 V2 按钮

步骤 3　单击 U4 按钮，Midjourney 将在第 4 张图片的基础上进行更加精细的刻画，并放大图片效果，如图 10-30 所示。

图 10-30　放大图片效果

 本章 小结

本章主要介绍了 AI 绘画工具应用于美术设计，如图书封面、装置品、服装、珠宝、室内布局设计的详细操作方法，让读者在加强 AI 绘画工具的运用熟练度的同时，学会其在美术设计方面的应用。

绘画 从指令到制作一本通

 课后习题 ||

鉴于本章知识的重要性，为了使读者更好地掌握所学知识，下面将通过课后习题帮助读者进行简单的知识回顾和补充。

1. 尝试仿照 Midjourney 生成装置品设计图，并加入 --ar 3:2 指令，让 Midjourney 生成一张装置品设计图，效果参考图 10-31。

图 10-31　Midjourney 生成的装置品设计图

182

2. 仿照 Midjourney 生成珠宝设计图的指令，并加入 --ar 3:2 指令，让 Midjourney 生成一张珠宝设计图，效果参考图 10-32。

图 10-32　Midjourney 生成的珠宝设计图

扫码看答案

扫码看教程

变 现 篇

11

第 11 章

商用模式：挖掘人工智能的价值

　　随着 AI 绘画的风靡与应用场景的不断扩大，我们有必要对其商用模式进行探讨。将 AI 绘画视为一种流通于市场的商品，这也是 AI 绘画技术不断进步的动力之一。本章将介绍一些可行的 AI 绘画的商业模式和商用方向。

11.1 6 种 AI 绘画的商业模式

AI 绘画可以应用于艺术创作、影视制作、图像修复、虚拟现实、医疗可视化、教育培训、创意设计等不同的场景中，这意味着 AI 绘画实现商用存在一定的潜力。本节将探索 6 种 AI 绘画的商业模式。

11.1.1 直接销售

AI 绘画最为直接的作用便是生成绘画作品，且不受时空、艺术风格、创作手法的限制，AI 绘画师只需输入恰当的指令便可以获得完整的画作或图像。因此，AI 绘画的第一大商业模式是直接销售。

从理论上来看，AI 绘画师运用 AI 绘画工具生成的绘画作品在具备艺术性和获得法律许可的情形下是可以用于销售的。销售的途径有以下 3 类。

（1）将 AI 绘画作品销售给个人收藏家。

（2）将 AI 绘画作品销售给画廊，进行艺术品展览。

（3）将 AI 绘画作品销售给艺术品投资者。

这种模式下，通常需要 AI 绘画师建立起自己的品牌和声誉，以便能够吸引潜在的买家和市场。

11.1.2 与画廊合作

一个成熟的 AI 绘画师，若能够稳定、持续地创作出好的绘画作品，便可以与画廊进行合作，共同举办艺术展览。

这一商业模式有几个好处，如图 11-1 所示。

| 更多展览机会 | 画廊可以为AI绘画作品提供更多的展览机会，从而增加了AI绘画作品的曝光量与吸引力 |
| 专业的指导 | 画廊通常有经验丰富的艺术专业人士，能够在创作、策展和展览方面为艺术家提供专业支持和指导 |

图 11-1

| 建立声誉 | 与知名画廊合作可以为艺术家树立良好的声誉和信誉，画廊的认可和推荐能够提升艺术家在艺术界的影响力和地位 |

图 11-1　与画廊合作这一商业模式的好处

11.1.3　艺术品拍卖

　　AI 绘画作品在达到艺术品标准的情况下可以进行拍卖。对于 AI 绘画来说，艺术品拍卖也是一个不错的商业模式。图 11-2 所示为艺术品拍卖的流程。

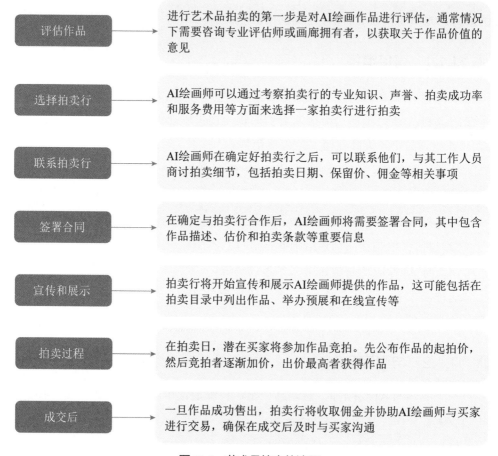

评估作品	进行艺术品拍卖的第一步是对AI绘画作品进行评估，通常情况下需要咨询专业评估师或画廊拥有者，以获取关于作品价值的意见
选择拍卖行	AI绘画师可以通过考察拍卖行的专业知识、声誉、拍卖成功率和服务费用等方面来选择一家拍卖行进行拍卖
联系拍卖行	AI绘画师在确定好拍卖行之后，可以联系他们，与其工作人员商讨拍卖细节，包括拍卖日期、保留价、佣金等相关事项
签署合同	在确定与拍卖行合作后，AI绘画师将需要签署合同，其中包含作品描述、估价和拍卖条款等重要信息
宣传和展示	拍卖行将开始宣传和展示AI绘画师提供的作品，这可能包括在拍卖目录中列出作品、举办预展和在线宣传等
拍卖过程	在拍卖日，潜在买家将参加作品竞拍。先公布作品的起拍价，然后竞拍者逐渐加价，出价最高者获得作品
成交后	一旦作品成功售出，拍卖行将收取佣金并协助AI绘画师与买家进行交易，确保在成交后及时与买家沟通

图 11-2　艺术品拍卖的流程

11.1.4　版权授权

　　AI 绘画作品由 AI 绘画师输入指令获取，一般归绘画师本人所有，借由他人使用需经过绘画师本人同意，因此 AI 绘画作品的版权授权也是一种商业模式。AI绘画师可以将自己的绘画作品授权给其他公司或品牌使用，如印刷在商品上、装饰用途、广告宣传等，从而获得一定的收入。

AI绘画师在进行AI绘画作品版权授权时，需要注意几个事项，如图11-3所示。

图11-3 AI绘画作品版权授权的注意事项

11.1.5 定制委托

AI绘画的关键是输入指令，因此AI绘画师可以承接定制委托任务。AI绘画师可以接受个人或企业客户提供的特定主题、尺寸、样式和材料要求，通过运用AI绘画工具来满足个性化需求。

定制委托的AI绘画类型多种多样，举例如下。

（1）人物肖像画：AI绘画师可以为家人、朋友或自己绘制肖像画，用于装饰家庭或作为礼物。

（2）纪念画：AI 绘画师可以根据客户的要求绘制家庭成员、婚礼场景或其他重要纪念日的画作。

（3）动物肖像画：宠物是许多人生活中重要的一部分，因此 AI 绘画师可以接受委托为宠物绘制肖像画。图 11-4 所示为 AI 绘制动物肖像画示例。

图 11-4　AI 绘制动物肖像画示例

（4）风景画：有些客户可能会要求 AI 绘画师描绘特定地点或场所，例如旅游目的地、家乡景观等。

（5）教育和宣传：学校、博物馆或非营利组织可能会定制绘画作品来教育观众或传达特定的信息。

（6）定制赠送：个人或企业可能委托艺术家绘制一幅画作，作为礼物赠送给特定的收件人，以表达感激之情或庆祝特殊场合。

（7）主题艺术品：根据特定主题或风格的要求，委托 AI 绘画师绘制符合主题的艺术品，例如抽象艺术、写实艺术、古典艺术等。

11.1.6　数字插画与设计

AI 绘画可以与数字媒体合作，应用于插画、平面设计、动画和游戏开发。AI 绘画师可以与出版社、广告公司、游戏开发商等合作，直接提供数字化的绘画作品。

AI 绘画具有生成不同类型作品的优势，可以在数字插画和设计中发挥一定的价值，包括但不限于以下价值。

（1）生成插画：AI 绘画通过学习大量的插画和艺术作品，从中提取风格和模式，并生成全新的插画。这使得创作者可以获得各种风格和主题的插画灵感，从而节省了工作时间。

（2）转换风格：AI 绘画可以将一种艺术作品的风格应用到另一种图像上，从而实现图像的风格转换。这可以让创作者快速尝试不同的风格，找到最适合他们的设计。

（3）自定义设计：AI 绘画可以根据客户提供的需求生成他们期望的设计。这可以帮助非专业设计师或没有绘画技能的人实现自定义的数字插画与设计。

（4）自动化创作：AI 绘画可以自动化某些创作过程，如生成重复的图案、图标和符号等，使创作者可以专注于更有创造性和更复杂的任务，从而提高生产效率。

（5）创意辅助工具：AI 绘画可以作为创意辅助工具，为设计师和艺术家提供新的灵感和构思。它可以通过生成多样的设计和概念来激发创造力。

11.2 7 种 AI 绘画的商用方向

除了上述的 6 种商业模式，AI 绘画在具体的行业应用的基础上还衍生了 7 种商用方向。本节将对这 7 种商用方向进行介绍，为 AI 绘画的商用提供思路参考。

11.2.1 创意产业

AI 绘画可以用于辅助创意产业，包括广告、设计、电影、动画、游戏等领域。它可以帮助艺术家和设计师更快地生成原型、角色、背景等，从而提高创意产出效率。

AI 绘画在创意产业中的应用方式如图 11-5 所示。

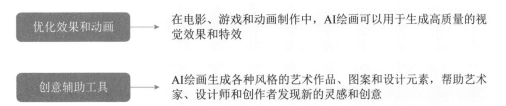

图 11-5

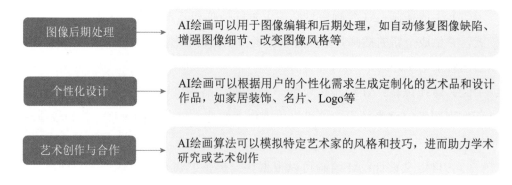

图 11-5　AI 绘画在创意产业中的应用方式

⟫⟫ 11.2.2　设计工作

　　AI 绘画可以助力图形设计、平面设计和室内设计，帮助设计师们更好地展现构想，从而设计出标识、海报、室内布局等作品。

　　AI 绘画助力设计工作表现在几个方面，如图 11-6 所示。

图 11-6　AI 绘画助力设计工作的表现

⟫⟫ 11.2.3　游戏开发

　　AI 绘画技术可以应用于虚拟世界和游戏开发中，帮助生成逼真的虚拟场景、角色和道具，从而减轻游戏开发者的工作负担。

AI 绘画在游戏开发中有以下商业用途。

（1）AI 绘画可以用于辅助角色设计和动画制作。游戏开发者通过 AI 绘画来生成角色原型、表情、动作等，可以大大减少人工绘画和动画制作的时间，提高游戏制作效率。

（2）AI 绘画可以用于创造游戏中的各种环境和场景。游戏开发者可以运用 AI 工具来自动生成山脉、森林、城市等各种场景，为游戏世界增加更加多元化的内容。

（3）AI 绘画可以用于生成高质量的贴图，如纹理贴图、法线贴图和高光贴图。这些贴图在游戏中用于增强物体表面的细节和真实感，提升游戏画面的品质。

（4）利用 AI 绘画生成精美的游戏艺术作品和宣传素材，可以在游戏推广和营销方面发挥积极作用，吸引更多玩家的关注。

▦ 11.2.4 智能办公

在办公领域，AI 绘画能够智能创建图表、图形，帮助办公人员更快地处理办公事务和数据，具体表现如图 11-7 所示。

图 11-7　AI 绘画助力智能办公的表现

总的来说，AI 绘画在助力智能办公时，主要作用是生成图表或图形，从而降低文档制作的难度，并提高文档的可视化程度以增强文档内容的可读性和吸引力。

11.2.5 艺术教育与学习

AI 绘画可以应用于艺术教育，帮助学生学习绘画技巧、颜色理论和构图等基本要素，使学生在绘画方面更上一个台阶。AI 绘画用于艺术教育与学习的表现如图 11-8 所示。

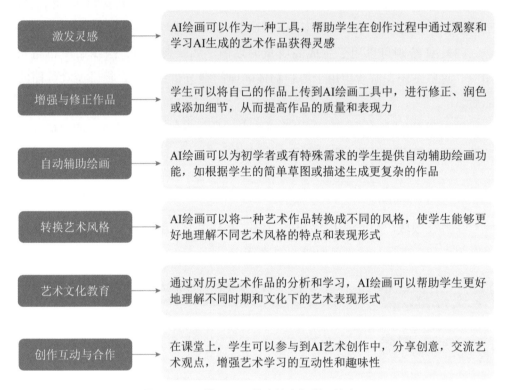

| 激发灵感 | AI绘画可以作为一种工具，帮助学生在创作过程中通过观察和学习AI生成的艺术作品获得灵感 |

增强与修正作品 → 学生可以将自己的作品上传到AI绘画工具中，进行修正、润色或添加细节，从而提高作品的质量和表现力

自动辅助绘画 → AI绘画可以为初学者或有特殊需求的学生提供自动辅助绘画功能，如根据学生的简单草图或描述生成更复杂的作品

转换艺术风格 → AI绘画可以将一种艺术作品转换成不同的风格，使学生能够更好地理解不同艺术风格的特点和表现形式

艺术文化教育 → 通过对历史艺术作品的分析和学习，AI绘画可以帮助学生更好地理解不同时期和文化下的艺术表现形式

创作互动与合作 → 在课堂上，学生可以参与到AI艺术创作中，分享创意，交流艺术观点，增强艺术学习的互动性和趣味性

图 11-8　AI 绘画用于艺术教育与学习的表现

总的来说，AI 绘画在艺术教育领域可以发挥积极作用，但仍需谨慎运用，因为绘画教育应保持人类的创造性并重视传统艺术技巧。

11.2.6　增强现实与虚拟现实

AI 绘画技术可以用于增强现实和虚拟现实体验，为用户提供与艺术品、角色和场景进行互动的机会。AI 绘画在增强现实与虚拟现实中的应用包括几个方面，如图 11-9 所示。

虚拟艺术创作	AI绘画技术可以用于创造虚拟艺术品和场景,这些艺术品可以与现实世界进行融合,让用户欣赏和互动
增强现实游戏	在增强现实的游戏中,AI绘画技术可以用于实时场景生成和物体渲染,以提供更加逼真的游戏体验
虚拟化身和角色	AI绘画技术可以根据用户的输入或基于用户的外貌特征来创造个性化的虚拟角色,以提升玩家的游戏体验
交互式虚拟场景	AI绘画可以根据用户的位置、动作和环境生成适应场景和互动的虚拟元素
导航和导览	AI绘画技术通过识别环境的特征和结构,为用户在现实世界中标记出路线、指示物体位置或提供交互性的导览信息
虚拟化妆和搭配	AI绘画可以实时渲染并适应用户的面部或身体特征,帮助用户在增强现实中尝试不同的妆容和服装款式

图 11-9　AI 绘画在增强现实与虚拟现实中的应用

⑪ 11.2.7　医学领域的心理治疗

AI 绘画被广泛应用于艺术治疗和心理治疗中。AI 绘画可以帮助医生和治疗师更好地了解患者的情感状态,并在治疗过程中提供支持,具体表现如图 11-10 所示。

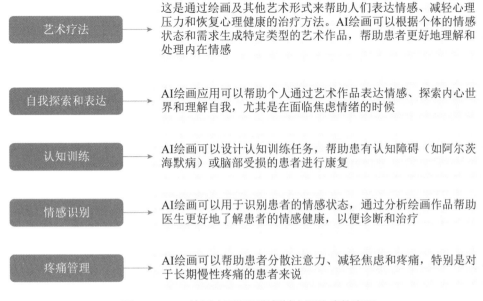

艺术疗法	这是通过绘画及其他艺术形式来帮助人们表达情感、减轻心理压力和恢复心理健康的治疗方法。AI绘画可以根据个体的情感状态和需求生成特定类型的艺术作品,帮助患者更好地理解和处理内在情感
自我探索和表达	AI绘画应用可以帮助个人通过艺术作品表达情感、探索内心世界和理解自我,尤其是在面临焦虑情绪的时候
认知训练	AI绘画可以设计认知训练任务,帮助患有认知障碍(如阿尔茨海默病)或脑部受损的患者进行康复
情感识别	AI绘画可以用于识别患者的情感状态,通过分析绘画作品帮助医生更好地了解患者的情感健康,以便诊断和治疗
疼痛管理	AI绘画可以帮助患者分散注意力、减轻焦虑和疼痛,特别是对于长期慢性疼痛的患者来说

图 11-10　AI 绘画应用于医学领域心理治疗的表现

本章 小结

本章主要介绍了 AI 绘画的商用模式，包括直接销售、与画廊合作、艺术品拍卖、版权授权、定制委托和数字插画与设计 6 种商业模式，以及创意产业、设计工作、游戏开发、智能办公、艺术教育与学习、增强现实与虚拟现实、医学领域的心理治疗 7 种商用方向，为大家提供 AI 绘画的商用思路参考。

课后 习题

鉴于本章知识的重要性，为了使读者更好地掌握所学知识，下面将通过课后习题帮助读者进行简单的知识回顾和补充。

1. 在 AI 绘画的商业模式中，艺术品拍卖有哪些流程？

2. AI 绘画可以用于艺术治疗的表现有哪些？

扫码看答案

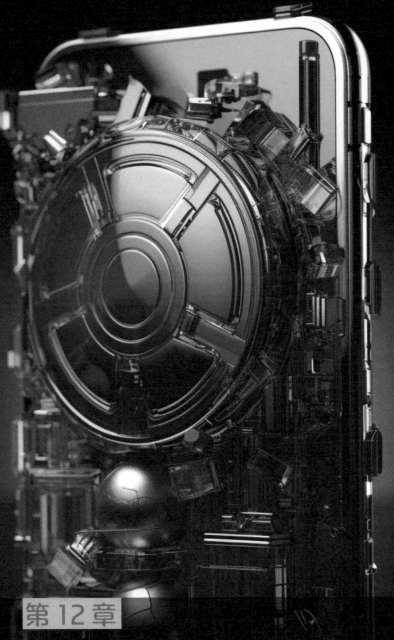

第 12 章

变现模式：用人工智能赚取财富

随着 AI 技术趋于成熟，涌现出各式各样的 AI 产品，如文本生成式 AI、绘画生成式 AI 等。这些 AI 产品流通于市场，服务于产业，必然可以实现变现，为用户带来财富。本章将介绍 AI 绘画的变现模式，为大家提供 AI 绘画变现的思路参考。

12.1 2 种 AI 绘画的直接变现方式

AI 绘画以生成绘画作品为主要功能，因此直接的变现方式是通过销售绘画作品和接受作品定制来获得财富。本节将介绍这 2 种 AI 绘画的直接变现方式，为大家提供变现思路。

12.1.1 销售作品

销售作品变现是 AI 绘画直接变现方式之一。用户可以找到线上或线下平台进行作品售卖。图 12-1 所示为销售作品变现的渠道。

图 12-1　销售作品变现的渠道

AI 绘画师在销售作品变现之前，可以掌握以下技巧。

（1）建立个人品牌：绘画师在自己的作品中表现出独特的风格和主题，使其作品与众不同，形成自己的标志性风格，从而使绘画作品易于销售。

（2）上传社交媒体进行展示：用户可以利用社交媒体平台展示 AI 绘画作品，与观众互动，建立粉丝基础。通过展示过程、幕后故事和艺术创作过程，引导潜在买家对 AI 绘画作品产生兴趣。

（3）定期更新作品：不断创作并定期更新绘画作品，保持创意和动力，同时可以适当地展现艺术发展过程。

（4）掌握专业摄影和图像处理技术：确保 AI 绘画作品以高质量的图像形式展示在网站和社交媒体上，从而吸引更多的买家。

（5）掌握定价策略：研究市场上类似作品的价格，结合 AI 绘画的市场和自身情况，制定合理的定价策略。

（6）提供多样化的购买选项：为潜在买家提供多样化的购买选项，如限量版印刷品、不同尺寸的绘画作品等，以满足不同人群的需求。

▷ 12.1.2　定制作品

AI 绘画师可以接受定制作品任务，为客户提供多样化、个性化的绘画作品。定制绘画作品变现的途径如图 12-2 所示。

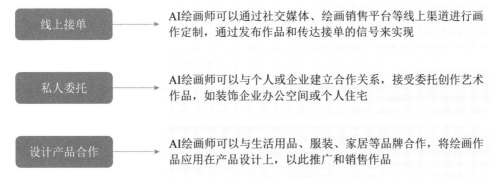

图 12-2　定制绘画作品变现的途径

AI 绘画师在承接定制作品订单之前，可以了解一些注意事项做足准备，如图 12-3 所示。

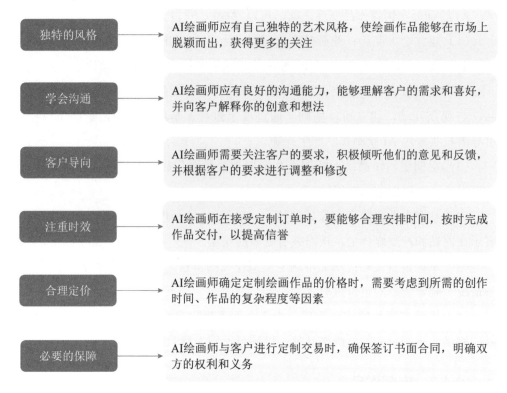

图 12-3　定制作品变现的注意事项

12.2 5 种 AI 绘画的间接变现方式

除了直接的变现方式，AI 绘画还可以转化为其他形式进行间接变现，如 AI 绘画作品转化为视频进行变现。本节将介绍 5 种 AI 绘画的间接变现方式。

12.2.1　结合 AI 视频

用户可以将 AI 绘画工具生成的作品结合 AI 视频进行变现。例如，用户可以将 AI 绘画作品导入剪映软件中，利用"一键成片""文字成片""图片玩法"等功能生成视频，再将视频上传至短视频平台中实现变现。

图 12-4 所示为 AI 绘画结合 AI 视频变现的方式。

流量变现	当AI绘画作品转换为视频之后，用户将视频上传至短视频平台，如抖音、快手、西瓜视频等平台，这些平台会给予播放量高的视频一定的流量费用，用户以此获得收入

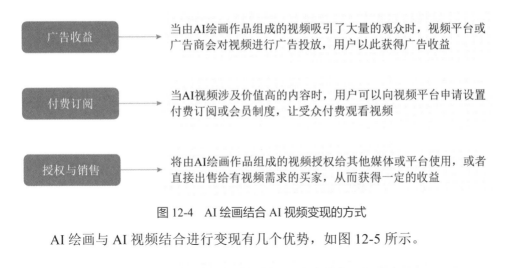

广告收益	当由AI绘画作品组成的视频吸引了大量的观众时,视频平台或广告商会对视频进行广告投放,用户以此获得广告收益
付费订阅	当AI视频涉及价值高的内容时,用户可以向视频平台申请设置付费订阅或会员制度,让受众付费观看视频
授权与销售	将由AI绘画作品组成的视频授权给其他媒体或平台使用,或者直接出售给有视频需求的买家,从而获得一定的收益

图 12-4　AI 绘画结合 AI 视频变现的方式

AI 绘画与 AI 视频结合进行变现有几个优势,如图 12-5 所示。

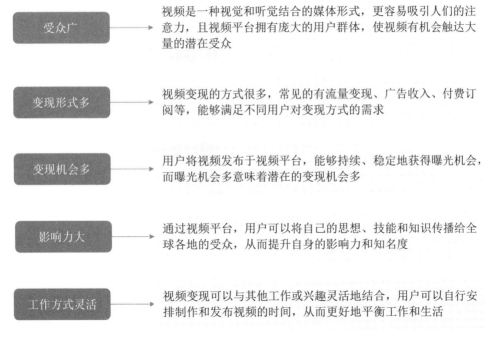

受众广	视频是一种视觉和听觉结合的媒体形式,更容易吸引人们的注意力,且视频平台拥有庞大的用户群体,使视频有机会触达大量的潜在受众
变现形式多	视频变现的方式很多,常见的有流量变现、广告收入、付费订阅等,能够满足不同用户对变现方式的需求
变现机会多	用户将视频发布于视频平台,能够持续、稳定地获得曝光机会,而曝光机会多意味着潜在的变现机会多
影响力大	通过视频平台,用户可以将自己的思想、技能和知识传播给全球各地的受众,从而提升自身的影响力和知名度
工作方式灵活	视频变现可以与其他工作或兴趣灵活地结合,用户可以自行安排制作和发布视频的时间,从而更好地平衡工作和生活
互动性强	视频平台通常提供评论和互动功能,让用户可以与受众直接互动,收集反馈和建议,从而不断地改进和优化视频内容

图 12-5　AI 绘画与 AI 视频结合进行变现的优势

▶ 12.2.2　售卖教程

用户在熟练掌握 AI 绘画之后,可以充当老师传授 AI 绘画的相关知识,或在线上录制视频或课程，或在线下开展讲座，从而获得收益。下面将介绍通过售卖 AI 绘画教程变现的渠道。

① 在线教育平台

用户可以将 AI 绘画的相关操作当作一门技能，通过在线教育平台进行传授，以此获得一定的收益。例如，微信公众号"荔枝微课"提供在线授课功能，如图 12-6 所示，让用户可以便捷地学习 AI 绘画技能。

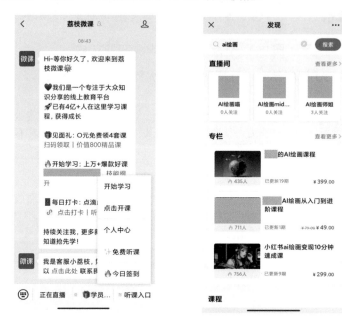

图 12-6 微信公众号"荔枝微课"提供在线授课功能

② 自建网站

在条件许可的情况下，用户可以搭建专门的课程销售网站，依靠自己的品牌和推广策略来吸引用户购买课程，以此获得收益。

③ 社交媒体

在各大社交媒体上，用户可以进行广告推广，通过发布课程内容、广告宣传等方式来推广课程。

④ 视频平台

在抖音、B 站（哔哩哔哩平台的简称）等视频平台上，用户可以建立账号，然后发布教程视频，吸引受众购买，或者直接以开课的形式，让受众付费观看。图 12-7 所示为 B 站的开课功能与课堂分区。

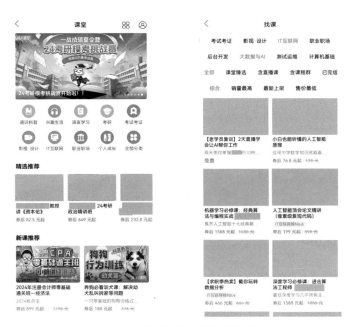

图 12-7　B 站的开课功能与课堂分区

⑤ 网络直播

网络直播也是一种不错的授课方式。用户可以通过直播授课收费，也可以通过展示课程内容吸引观众购买课程。

⑥ 线下活动

用户参加行业展会、研讨会等线下活动，与潜在客户进行面对面的交流和推广。

▶▶ 12.2.3　开发游戏

AI 绘画可以助力游戏开发，以游戏的方式实现变现。游戏变现的方式包括但不限于以下几种。

（1）付费下载：在应用商城发布游戏时设置一个固定的售价，玩家付费后即可下载游戏。

（2）设置虚拟币：提供在应用商店免费下载游戏的服务，但在游戏内部设置虚拟商品、道具或游戏币等内容供玩家购买。

（3）插入广告：在游戏中插入广告，通过玩家观看广告来获得收入。

（4）限时促销与特惠：在游戏内定期举行促销活动，吸引更多玩家购买游戏或内购商品。

（5）制定游戏周边：将游戏中的角色、道具、关卡等制作成玩偶、卡片等周边，吸引游戏爱好者购买。

12.2.4 生成出版物插图

AI 绘画可以与出版社和杂志社合作，为书籍、杂志设计封面和内置插图，示例如图 12-8 所示，以此获得收益。

图 12-8　AI 绘画设计封面和内置插图示例

图 12-9 所示为 AI 绘画生成出版物插图变现的方式。

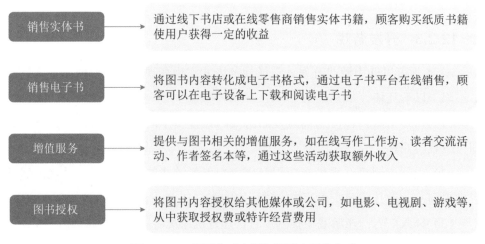

销售实体书	通过线下书店或在线零售商销售实体书籍，顾客购买纸质书籍使用户获得一定的收益
销售电子书	将图书内容转化成电子书格式，通过电子书平台在线销售，顾客可以在电子设备上下载和阅读电子书
增值服务	提供与图书相关的增值服务，如在线写作工作坊、读者交流活动、作者签名本等，通过这些活动获取额外收入
图书授权	将图书内容授权给其他媒体或公司，如电影、电视剧、游戏等，从中获取授权费或特许经营费用

图 12-9　AI 绘画生成出版物插图变现的方式

12.2.5 转化为虚拟现实体验

AI绘画可以应用于虚拟现实领域，即将AI生成的艺术作品转化为虚拟现实体验，提供给使用VR（Virtual Reality，虚拟现实）设备的用户参观和互动。AI绘画与虚拟现实结合，可以通过以下方式实现变现。

（1）虚拟现实游戏：开发并销售虚拟现实游戏、应用和体验，让用户购买软件或应用程序，以此获得收入。

（2）虚拟旅游和体验：提供虚拟旅游体验，让用户付费在虚拟现实中参观名胜古迹、度假胜地等。

（3）虚拟培训和教育：提供虚拟现实培训和教育课程，吸引学生或企业购买这些培训服务。

（4）虚拟现实演出和活动：举办虚拟现实演唱会、体育比赛、展览等活动，向用户售票或收取观看费用。

本章小结

本章主要介绍了AI绘画的变现方式，包括销售作品和定制作品两种直接变现方式，以及结合AI视频、售卖教程、开发游戏、生成出版物插图和虚拟现实5种间接变现方式，为读者提供AI绘画变现的思路参考。

课后习题

鉴于本章知识的重要性，为了使读者更好地掌握所学知识，下面将通过课后习题帮助读者进行简单的知识回顾和补充。

1. 直接销售AI绘画作品可以通过哪些渠道来实现？

2. AI绘画结合AI视频变现有哪些优势？

扫码看答案

第12章　变现模式：用人工智能赚取财富